AF332578

CATALOGUE

DES PLANTES,

ARBRES, ARBRISSEAUX,

ET ARBUSTES,

Dont on trouve des Graines, des Bulbes,
& du Plant, chez le sieur VILMORIN-
ANDRIEUX, Marchand Grainier-Fleuriste
& Botaniste du Roi, & Pépiniériste.

NOUVELLE ÉDITION AUGMENTÉE.

*Manè semina semen tuum; & vesperè non cesset
manus tua. Ecclæ. XI. 6.*

Prix — sols broché.

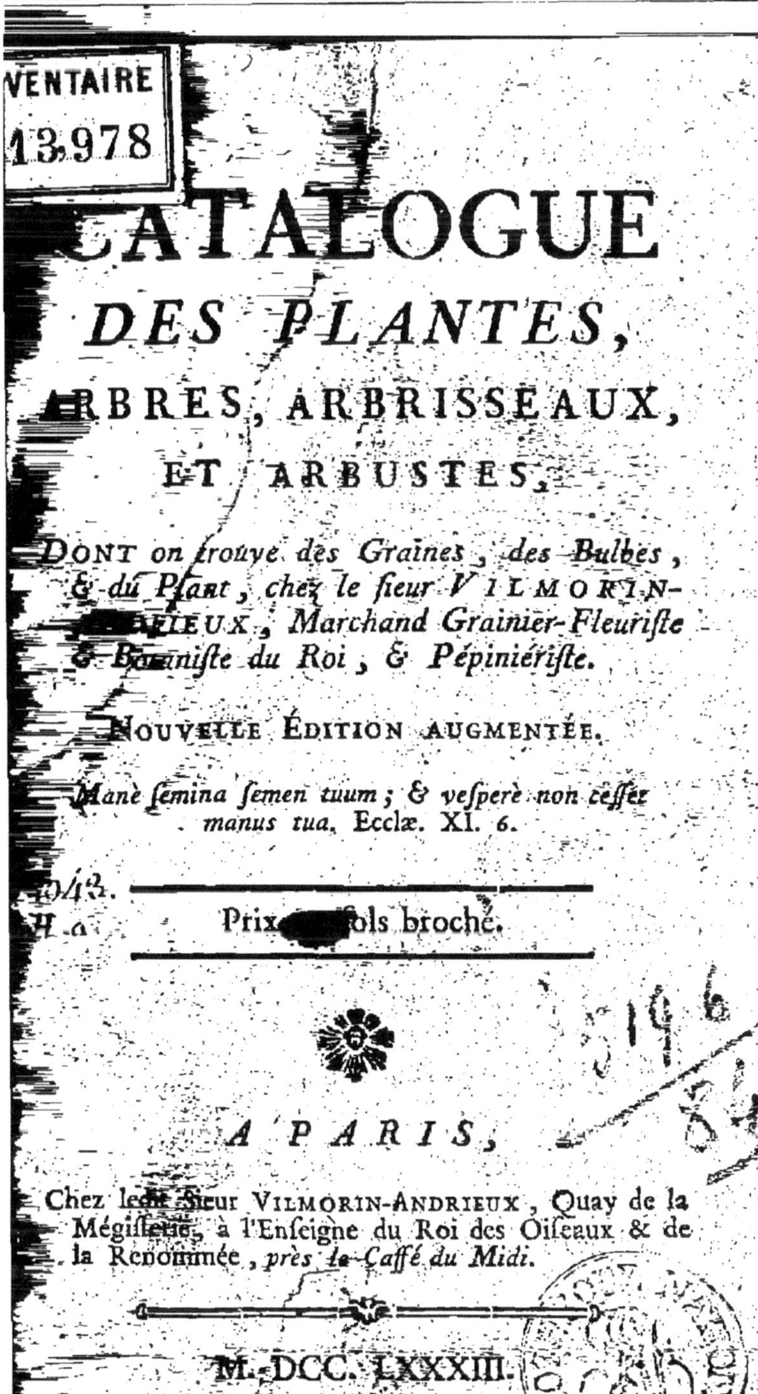

A PARIS,

Chez ledit Sieur VILMORIN-ANDRIEUX, Quay de la
Mégisserie, à l'Enseigne du Roi des Oiseaux & de
la Renommée, près le Caffé du Midi.

M. DCC. LXXXIII.

AVIS.

NOTRE Catalogue n'a pas déplu au Public, puisqu'il nous en demande une nouvelle Edition. Le grand nombre d'additions intéressantes que nous y faisons, font au moins une nouvelle preuve que nous desirons autant d'être utiles aux amateurs, que de faire connoître les objets de notre commerce. Nous avons, comme dans les précédentes, joint à chaque Espece & Variété, en moins de mots qu'il nous a été possible, le caractère qui la distingue, la saison de ses productions, le tems & les attentions convenables à sa culture, & sa phrase latine en faveur des Etrangers à qui notre nomenclature n'est pas familière.

Mais nous ne donnons qu'un Catalogue, je le répéte; & nous ne devons pas en excéder les bornes. C'est pourquoi on n'y trouvera point d'instructions sur la greffe & la taille, sur la culture de la plûpart des Arbres fruitiers, & celle de quelques Plantes, qui demanderoit un long détail. Tous ces sujets sont traités dans des Ouvrages que nous consultons nous-mêmes. Seulement les Fourages & quelques Plantes de grande culture étant une partie très-bornée, nous donnons un précis des façons qu'ils exigent.

En un mot, nous n'avons entrepris que d'indiquer aux amateurs tous les Arbres & toutes les Plantes qui peuvent entrer dans les Jardins d'utilité, de curiosité, & de décoration, les moyens de se les procurer, & de les cultiver avec succès, & de prévenir les méprises dans les demandes qui nous seront faites, ou dans les envois que nous ferons d'Arbres Fruitiers, d'Arbrisseaux & Arbustes ; de Plantes utiles ou agréables, tant exotiques qu'indigènes ; de pleine terre, d'Orangerie, & de Serre chaude ; de jeune Plant, Graines, Oignons, Tubercules de Plantes potagères & de Fleurs ; en un mot, de tout ce qu'il y a de plus rare & de plus précieux dans la Botanique & dans le Jardinage, que notre Commerce journalier & nos Correspondances nous mettent en état de fournir.

<hr>

Nous prions ceux qui nous adressent des Lettres ou des Envois, de mettre notre Enseigne exactement telle qu'elle est au frontispice de ce Catalogue.

Ceux qui nous demanderont des Arbres fruitiers, voudront bien expliquer sur quels sujets ils les désirent, ou marquer la qualité & la profondeur de leur terrein, afin que nous les fournissions greffés sur les Sujets convenables.

TEMS propre à semer la plûpart des Graines mentionnées dans ce Catalogue.

Semences de la Saint-Jean.

Dès que le solstice d'été est passé , on commence à songer à la recolte de l'année suivante. On seme à la fin de Juin les Choux frisés-pointus , pour les avoir de primeur au printems.

Juillet.

On seme en Juillet des Carottes & Panais pour passer l'hiver ; de la Raiponce comme en Août ; dans les terres fortes, de l'Oignon blanc pour replanter en Octobre ; dans les terres légeres, on ne le semera qu'en Août.

Au vingt de ce mois , semer un peu de Choux-fleurs pour passer l'hiver. On peut semer aussi du Cheruis , de la Scorsonnaire , &c.

Semer à l'abri diverses fleurs , pour les repiquer au printems & fleurir au commencement de l'été suivant, sçavoir :

La Nigelle, le Tharaspic d'été , le Sain-foin

A

d'Espagne, la Delphinette ou Pied-d'allouette vivace, la Pyramidale, l'Œillet de Poëte, la Digitale, dès qu'elle est recueillie, les Passe-roses, &c.

Semer dans des caisses de terre légere, les graines de Tulipe, pour les mettre à l'abri de l'hiver; de la graine d'Anémone, qu'on mêle avec du sable sec, l'arroser peu & souvent. Semer, aussi-tôt que recoltée, la graine de Ciclamen dans des pots ou caisses.

Planter les oignons de Lis, Martagons, de Couronnes impériales, de Narcisses, de Belladone, & autres plantes bulbeuses, qu'on ne doit pas garder hors de terre.

Après le quinze, marcotter les Œillets; écussonner sur Prunier, Coignassier, Aubeépine, Poirier, Pommier.

Août.

Dès le commencement d'Août, & successivement pendant tout ce mois, il faut semer un peu de Choux d'Yorck & de Choux Pain-de-sucre; pour les planter dès Octobre au pied d'un mur comme les Laitues d'hiver, mais un peu plus espacés; en Mars ou Avril on les lie comme une Romaine; on en jouit à la fin d'Avril ou en Mai.

On seme de la Poirée qui se trouve très-hâtive au printems; mais elle est délicate à la gelée ; de l'Oseille , du Persil , du Cerfeuil , des Carottes.

On éleve du plant de diverses Laitues à planter sur couche en hiver , & en terre à bonne exposition ; sçavoir , Laitues Cocasse , d'Italie , Coquille , Crêpe , & Romaine d'hiver.

On seme encore , mais moins bien qu'en Juin & Juillet , de la graine de Raiponce mêlée avec de la terre ou du sable bien fin , dans une terre bien préparée , où l'on semera en même tems des Radis , pour que l'ombre que leurs feuilles donneront à la Raiponce l'empêche de brûler , si le soleil étoit ardent.

Semer des Choux Pommé-hâtif , Frisé-hâtif , de Bonneuil , d'Alsace & de Milan , pour planter après l'hiver & cueillir en Mai & Juin ; du Chou-fleur dur pour deuxiéme fois , que l'on conserve dans la serre en baquet , ou en pépinière en bon abri , & des Brocolis à replanter en place au printems.

On seme encore des Navets pour ensabler en Novembre dans la serre , ou les couvrir dehors.

Dans les terres légeres , semer l'Oignon blanc hâtif & de la Ciboule. A la fin d'Août , de la Mâche , de l'Epinard , du Cerfeuil.

Semer , mieux qu'en Septembre , diverses fleurs pour fleurir en place dans l'été suivant , comme Pavots , Pieds-d'allouette , Coquelicots , Tharaspics de diverses couleurs , &c.

Semer de la graine des diverses Fraises, à cinq à six pieds d'un mur du Nord ou du Couchant sur un bon labbur, terre fraîche bien dressée, couverte de deux lignes de sable & terreau tamisés, ne couvrir la graine que très-peu de ce même mélange, la sarcler très-soigneusement, & l'attendre un mois, quelquefois plus.

Semer les graines d'Anémones, comme on le voit indiqué dans le mois précédent, de la graine de Renoncule qu'il faut couvrir très-légerement de terre ou terreau bien passé.

Planter les Anémones & les Jonquilles simples, la Renoncule-pivoine pour fleurir l'hiver.

Planter aussi les Jacinthes communes, blanc de montagne, de Vitry, Passe-tout, &c.

Semer la graine de Jacinthe.

Marcotter, mieux qu'en Juillet, les Œillets qui s'enracinent facilement.

Ecussonner sur Cérisier, Mérisier, vieux Pêchers & Amandiers.

Septembre.

On peut encore semer en Septembre presque tout ce qui a été indiqué pour les deux mois précédents, & en outre des Radis noirs pour tout l'hiver; des Panais & Carottes pour Avril, Mai & Juin : il est plus sûr de les semer en Août.

(5)

Planter les Fraisiers, si on veut en jouir l'année suivante. *Voyez plus bas en Novembre.*

Semer les petits Pois, & Haricots de Hollande à bouquets, pour les mettre sur des couches chaudes sous chassis quand le tems de-
vient rude.

Semer de la Quarantaine pour repiquer de
bonne heure ; même de la grande Giroflée,
en terre seche, mêlée de décombres de chaux,
suivant Bradley. La Quarantaine Royale se peut
semer en Août, & même dès la fin de Juillet.

On peut semer encore des Anémones, Renoncules, & autres graines de plantes bulbeuses ou à tubercules. On sait qu'elles demandent de grands soins en hiver contre les pluies,
la neige & le givre.

Planter des Renoncules, des Anémones,
des Narcisses de Constantinople & autres de
toutes espèces, même des Jacinthes, des Jonquilles & des Tulipes à la fin du mois.

Dans certaines terres tardives, ces premières
plantations plus hâtives ont en hiver plus bé-
soin d'être garanties des intempéries.

Mettre les Oignons en caraffes pour fleurir
l'hiver, comme Narcisses doubles de Constantinople, Narcisse blanc, Soleil d'or de Hollande, & les Jacinthes de toutes especes, même des Jonquilles.

Vers le quinze, écussonner les jeunes Pêchers & Amandiers.

Octobre.

Dans le mois d'Octobre, on risque encore à diverses fois la Mâche & l'Epinard pour le Carême ; le Cerfeuil pour le printems.

On fait la seconde semence de divers plants qui portent le nom de la *Saint-Remi*, comme Laitue-Crêpe, de la Passion, Coquille, Gotté, & Romaine hâtive pour replanter ; Choux pommés, frisés-hâtifs, & Choux-fleurs durs à repiquer à l'abri sous cloche & couverts de litière. Commencer à semer des Pois-michauds au pied des murs à bonne exposition.

Les curieux de Nouveautés, qui veulent, à force de dépense, manger des Concombres en Avril, commencent à les semer en pleine terre pour les transplanter en pots, afin de les mettre d'abord à couvert des nuits fraîches, puis sur les couches chaudes sous chassis, quand il sera besoin.

Ils sement aussi des Pois-nains ; & dans des paniers bien exposés au midi, des Haricots que l'on destine à être mis en serre les nuits, puis sur les couches chaudes à l'arrivée des tems rudes.

Planter des œilletons d'Artichauds pour le printems, les arroser peu. Rarement cette plantation trop tardive réussit.

Dans ce mois, on commence à planter toutes les efpèces d'arbres fruitiers & autres ; & on continue jufqu'au printems dans les tems favorables.

Il faut aufli femer l'Immortelle & autres fleurs annuelles qui réfiftent au froid.

Planter des Jacintes de toutes efpèces, Nar~ ciffes, Jonquilles, Tulipes, Anémones, Re~ noncules, &c.

Novembre.

On fait à la Toufflaint, fur les nouvelles couches, les premières femences de Laitues & de Radis, de Creffon, &c.

L'Afperge fe feme en automne avec plus de fuccès qu'au printems.

On feme dans les terres fortes des Pois mi- chauds aux côtières bien terreautées de gadoue & de fiente de Pigeons.

Planter dans la cave les racines de Chicorée fauvage pour blanchir, comme il fera expliqué à l'article Chicorée.

On feme le fruit de l'Amandier, les noyaux de Prunes, de Pêches, au pied des Efpaliers pour greffer en place.

On enterre diverfes graines d'arbres à trois pieds en terre, où, à l'abri de la gelée, elles fe façonnent & fe difpofent à mieux germer, comme celles d'Aubépine, de Sicomore, de Frêne, Alizier, Azerolier, Orme, Troëne,

Tilleul de Hollande, Laurier, Houx, If, Pin, Pin de Hollande, Sapin, Sapin de Piémont, &c. &c. dont la plûpart sont dix-huit mois à lever, & par conséquent ne seront semées que de Février ou Mars suivant en un an.

On plante les Oignons de Tulipes, d'Ornitogales, de Narcisses de Constantinople, les Semidoubles, les Anémones, Jacinthes & autres, s'il en reste; & ces Oignons plus tardifs résistent mieux aux froids.

On commence à tailler les Poiriers & les Pommiers, surtout les jeunes, & ceux qui ne promettent point de fruit.

Décembre.

On seme sur les couches de Décembre des Radis & Raves, des Salades, du Cresson & de la Moutarde pour fourniture; des Concombres; mais il faut bien de la surveillance pour faire réussir cette culture dans un temps où l'on ne peut donner aux plantes l'air si nécessaire à leur végétation, sans introduire un froid humide qui contrarie beaucoup la température artificielle des fumiers chauds.

On sçait qu'alors les couches doivent être fort étroites, afin que la chaleur des rechaufs dont on les entoure, puisse pénétrer jusqu'à leur centre.

On peut planter des Renoncules, Anémones , Tulipes , & tous les autres Oignons qu'on n'a pas été à portée de planter auparavant.

On continue à tailler les Poiriers & les Pommiers.

A la fin de ce mois ou au commencement de Janvier , préparer pour être femés au printems les Noyaux de Pêches , de Prunes , d'Abricots , de Cerifes , de Merifes , les Amandes , Noix , Glands , Faines , &c. Mettre dans un vaiffeau proportionné à la quantité de femences , un lit de terre ou fable frais & humide , & non mouillé , épais de deux ou trois pouces ; mettre deffus un lit de Noyaux ; couvrir celui-ci d'un nouveau lit de terre ou de fable ; étendre deffus un nouveau lit de femences ; & ainfi alternativement. Renfermer ce vaiffeau dans un lieu à couvert de la gelée ; ou le placer au pied d'un mur au midi , & le couvrir pendant les gelées. Vers la fin de Février , fi ces graines ne commencent pas à germer , jetter un peu d'eau dans le vaiffeau , pour humecter tout ce qu'il contient. En Mars ou Avril , lorfqu'elles feront germées , les retirer du fable avec précaution , & les planter en rayons.

Janvier.

Le Soleil monte au mois de Janvier , & commence en quelque forte , avec la nouvelle année , un nouvel ordre de vegétation : les boutons des arbres fe gonflent, quelques-uns s'entr'ouvrent; tels font ceux des chatons du Peuplier-Tremble, du Noifetier & autres.

Toutes les femailles des mois précédents, dont l'approche de l'hiver ralentiffoit la venue, annoncent, dès qu'il eft arrivé, le prochain renouvellement de la Nature. Auffi devient-il plus aifé de faire de nouvelles femailles de primeur; en ufant des mêmes fecours qu'en Décembre, c'eft-à-dire, des couches chaudes, des chaffis vitrés, & des couvertures de litière.

On feme donc la Laitue à couper, dite Petite Laitue, la Chicorée fauvage & les Fournitures, le Nafitor, le Pourpier vert, la Pimprenelle, la Corne de Cerf, le petit Céleri, les Radis & petites Raves de primeur, de la Carotte jaune-courte, fi l'on veut : on éleve du plant de Laitues Crêpes, Gotte, de Verfailles; de Romaines; de Céleri pour repiquer fur couche; de Choux Pommé-hâtif, de Bonneuil, d'Alface, de Chou-fleur d'Angleterre, de Chou-fleur tendre, de Brocolis blanc & violet; enfin les Melons & Concombres de primeur, qu'il faut replanter tous les quinze jours, pendant deux mois, fur de nouvelles couches.

Semer, avec les foins recommandés, des Pois hâtifs & Haricots en bonne expofition. Si le tems eft favorable, on plante des pattes d'Anémones & des griffes de Renoncules, même divers Oignons, s'il en refte.

Février.

Si la terre n'eſt ni gelée, ni couverte de neige, on continue à ſemer ſur couche les petites Salades & leurs fournitures, les Radis, mêlés, ſi l'on veut, de Carottes, de Navets & de Panais. Dans les terreins chauds, on ſeme les Oignons de primeur, le Poïreau, la Ciboule, des Pois, des Féves de marais; ſemer du Perſil; riſquer la Scorſonnaire, les Cheruis, pour les replanter lorſqu'ils ont deux pouces de longueur : ils en viendront beaucoup plus beaux.

Semer ſur une couche fort drus des Pois-Michauds, pour replanter ſur une autre couche, en Mars; des Haricots & Pois ſur couche en mannequin, pour les remettre en terre & ſuccéder aux autres. Semer ſur les couches, dont la chaleur ſe paſſe, du Chou-fleur, Brocolis, Chou pommé, Chou de Milan, Chou d'Angleterre en pain-de-ſucre, pour les avancer & replanter au mois de Mars en place.

On éleve auſſi ſur couche du plant de Chicorée & de Scarole pour l'été, des Laitues Gotte, Brune, Mouſſerone, Crêpe, ſur-tout des Laitues Hollandoiſe & de Verſailles, qu'on repique en place en pleine terre; élever auſſi du plant de Romaine.

Planter en terrein léger de l'Echalotte, de l'Ail & de la Rocambole.

Commencer à planter des Pommes de terre & des Topinambours.

Semer fur couches, fous chaffis, des Melons & Cantaloups qu'il faudra replanter deux fois fous cloche ou chaffis.

Vers le quinze, commencer à tailler le Pêcher, l'Abricotier, le Cérifier, le Prunier, le Grofeillier; rabattre une partie des Framboifiers & des Grofeilliers, pour leur faire pouffer du bois nouveau.

Sur la fin du mois, femer des Melons maraîchers & autres tardifs que l'on ne replantera qu'une feule fois, & des Concombres.

Semer de la graine d'Afperges en pleine terre.

Dans la fin de ce mois ou dans celui de Mars, greffer en fente.

Semer toutes fortes de graines d'Arbres, Arbriffeaux, & Arbuftes, préparées comme il a été dit ci-devant.

Tailler la Vigne.

Planter toutes les efpèces d'Arbres à fruits, d'Arbres de forêt, & toutes les efpèces d'Arbuftes qui s'accommodent de notre climat.

Continuer de planter des Anémones & Renoncules.

Semer des graines d'Auricules dans des caiffes de terre légère, mêlée de bois ou de feuilles pourries; les mettre à l'ombre, & arrofer peu & fouvent; des graines de Prime-vère, fort épais, dans une côtière au Nord.

Semer les Fraifes, fi on ne l'a pas fait en Août.

Semer fur couche des Bafilics & plufieurs fleurs d'été, Tricolor, Ambrette, Amarante, Rofes-tremières, Campanule, Œillet de poëte, Giroflée, Quarantaine, Tharafpic, &c. en place, Pied-d'allouette, Pavots, Coquelicots, Belle-de-jour, Nigelle de Damas, &c.

Semer les pepins d'Orange & de Citron. Faire des boutures de toutes nos efpèces d'arbuftes.

Mars.

Les femences de Février fe répétent en Mars fur de nouvelles couches, foit pour l'ufage, foit pour remplacer le plant qui auroit manqué, ou pour y fuccéder.

Ce mois eft celui où l'on feme le plus de Verdures, de Racines & autres Légumes en pleine terre : l'Arroche, la Poirée, l'Ofeille, la Carotte, le Panais, le Navet printannier, les différens Oignons, les Raves & Radis, quelques Scorfonnaires & Salfifis ; enfin Epinard, Cerfeuil, Creffon, Coronope ou Corne-de-Cerf, Capucines, Pourpier, &c.

Elever différentes Laitues & Romaines, du Chou-fleur tendre, du Cardon.

Planter des Pois, des Fèves de marais groffes & petites, & rifquer quelques Haricots.

Semer des Afperges en pleine terre, & planter les racines qui fe vendent au cent.

On éleve fur couche le Chilé ou Poivre-long, la Nigelle épicée, le Melongène, la Moldavique qu'on deftine à être placée fur couches ou fur des ados de terreau ; on y feme auffi les Pervenches-rofes, la Senfitive, la Glaciale, le Camara, pour les élever en pots, de même que les Tubéreufes doubles & fimples qu'on y plante en pots.

Les fleurs d'automne fe fement au pied d'un mur au Midi dans du terreau, la Balfamine, les Reines-Marguérites, le Souci, les Amatantoïdes, les Paffevelours, les Rofes & Œillets d'Inde, les Merveilles ou Belles-de-nuit, l'Œillet de la Chine, le Liferon des Indes, & la Belle-de-jour en place.

Séparer & replanter les Pâquerettes, les Hépatiques, les Juliennes doubles, Œillets d'Espagne, Lichnis ou Croix de Jérufalem, Boutons-d'or, Campanules doubles, &c.

Replanter le Baume, le Thim, la Lavande, le Romarin, l'Hiffope, &c.

On fait en ce mois les femailles de Soucrion ; du Froment de Smirne, mieux en automne ; des Prairies artificielles ; ainfi que de tout ce qu'on nomme *les Mars*.

Achever les plantations d'Arbres & d'Arbuftes, fi elles ne le font pas ; & la taille des Arbres fruitiers.

On fait les plantations de la plûpart des Fraifiers, pour produire dans les deux années fuivantes feulement, & non dans la même année ; excepté celui des Alpes , qui, bien cultivé & arrofé, rapporte beaucoup en automne.

Avril.

On greffe en Couronne auffi-tôt que les Sujets font aflez en féve.

On feme la Scorfonnaire, le Salsifi & les Betteraves. Ces Racines tendres à la gelée, femées précédemment, pourroient être péries.

On feme de la Poirée blonde à replanter pour manger en cardes ; la Chicorée fauvage pour blanchir l'hiver ; les Cardons d'Efpagne & de Tours dans les terreins chauds, ou en petits pots fur couche.

On feme mieux qu'en Février les graines de Pins, Sapins & autres Coniféres.

On feme les Pois-goulus, nains & à rame, le Pois quarré-vert pour faire fécher , & d'autres efpèces ; des Féves de marais. On commence les femailles de Haricots. Il eft bon de femer une partie de fes Giraumons, Potirons, Pépons, Paftiffons, Cougourdettes, &c.

On feme des Epinards à l'ombre, des Laitues pour pommer, comme Verfailles, Mousferonne, Italie, Royale, Batavia, &c. des Romaines. Semer fur terre en bonne expofition du Pourpier doré, du Céleri, de l'Ofeille, foit en planche , foit par rayons, des Raves, des Radis, blancs, rouges, & des petits Radis gris; du Creffon, de la Chicorée fauvage; du Per-fil, &c. On continue de femer les Choux-fleurs & fur-tout le dur.

On peut femer encore de l'Oignon, de la Ciboule, du Poireau, enfin tous les légumes qui auroient manqué, ou qu'on n'auroit point femés dans le mois précédent.

Planter les Afperges & regarnir celles qui paroiffent avoir manqué; planter des Arti-chauds.

On continue de femer encore toutes les ef-pèces de graines de Fleurs annuelles; mais on éleve fur-tout diverfes efpèces qu'on ne pou-voit encore femer en Mars, au moins fans chaffis, le Réféda, les Rofes & Œillets d'Inde de différentes nuances, les Merveilles, le Sé-neçon d'Afrique, les Scabieufes, les Ancolies, &c. On feme auffi des Paffe-rofes.

On plante encore des Tubéreufes doubles & fimples, l'Œillet d'Efpagne, l'Œillet de poëte, la Julienne double, la Croix de Jérufalem, les Renoncules-baffin ou Boutons d'or, &c.

On feme le Maïs, le Panis, & l'on continue à femer des Mars, fi on fe trouve retardé.

Mai.

On peut encore femer au mois de Mai des Betteraves, de la Scorfonnaire, des Concombres

en

en pleine terre , fur-tout le Cornichon ; du Chou-fleur dur & de celui d'Angleterre , des Cardons de Tours & d'Efpagne ; des Laitues pour pommer & des Romaines ; quelques Raves & Radis , de la Chicorée & Scarole , du Pourpier en pleine terre , des Haricots de toutes efpéces & des Pois fans pareils , Anglois , de Marli , de Clamart , quarrés blancs , & au cul-noir , &c.

On feme le Chanvre de Piémont , ainfi que le Commun , & le Sorgo.

On ébourgeonne les Arbres taillés & la vigne ; & on greffe en flûte. On finit d'œilletonner & planter les Artichauds.

On peut femer encore quelques graines de Fleurs d'automne , Quarantaine , Nigelle , Tharafpic , Doucette ou Miroir de Vénus , Delphinette , &c. C'eft le meilleur temps pour femer celle d'Œillet. On feme des Giroflées pour le printemps fuivant.

Juin.

Avant le 10 de ce mois , on pince les gros bourgeons des Figuiers.

L'été eft le temps de la récolte ; il n'eft plus guère queftion de femer ni de planter ; on feme cependant encore en Juin, dans les parties à mi-ombre, desEpinards & des Fournitures, maisces femences hebdomadaires n'ont qu'une coupe.

B

On seme la grosse Rave, le Radis long, le petit Radis noir & le gros, de la graine de Raiponce, comme en Août, en l'arrosant souvent;
on seme des Laitues pour pommer & des Chi-
corées, des Haricots-Suisses, des Pois-Michauds, & au cul-noir pour les derniers.

Après Juin jusqu'à l'hiver, outre les semences
qu'on a vû plus haut qu'il falloit faire en avances
pour l'année suivante, on en fait encore d'autres,
dont on est payé sur le champ; telles sont les semences hebdomadaires, c'est-à-dire, les Fournitures de Salade, l'Epinard, les Radis, les Raves,
les Navets & Radis gris; on éleve encore du plant
de Laitues & de Chicorée, & même diverses
graines légumineuses, comme Haricots, sur-
tout les Suisses, Pois-Michauds, Marli, Quarré
blanc, cul-noir, &c. Car, quoique rien de ce
qu'on seme après le Solstice d'été n'amene les
graines à maturité; comme on se contente ici
de ces graines vertes, on peut en faire la récolte.

Enfin ceux qui ne craignent aucunes dépen-
ses pour se procurer des raretés, sement au commencement de Juillet des Concombres, dont
ils recueillent les fruits, à force de fumier, en
Décembre & Janvier.

On observera que pour la derniere semence
de Pois à faire en Août, on choisit le plus hâtif,
qui est le Michaud : en effet, il n'y a pas de tems
à perdre, & les graines les plus hâtives réussis-
sent toujours plus difficilement sur le déclin de

la campagne, qu'elles n'auroient fait au commencement lorfque chaquejour amene du chan-
gement en mieux ; au lieu que dans l'automne
on ne peut s'attendre que d'aller de pis en pis.

Nota. 1º. Les bornes d'un Catalogue ne nous
permettent pas de faire le détail des attentions
néceffaires pour la récolte & la confervation
des graines, & pour les empêcher de varier
& de dégénérer. Mais nous obferverons qu'il
faut très-peu recouvrir les graines fur-tout dans
les terreins forts ; qu'il vaut mieux répandre du
terreau deffus ; ou bien fi les graines font très-
fines, & le Semis peu étendu, tamifer par deffus
un peude terre en pouffieré, & couvrir de mouffe.
Des graines trop enterrées, il ne leve qu'une
très-petite partie ; elles font long temps à lever,
& ordinairement le plant eft foible.

2º. Au printems & en été, il faut femer à
l'ombre toutes les graines de Choux, Ravès,
Radis, Navets, Creffons, Roquette, &c. cri-
bler deffus de la cendre, ou de la fuye, & leur
donner fréquemment de légères mouillures
pour les garantir du petit puceron ou puce de
terre qui coupe les germes naiffans, ou dévore
les cotiledons. Nous recevons fouvent des re-
proches fur les graines, qui ne font dûs qu'à la
négligence ou l'ignorance de ceux qui les fe-

ment, ou aux défauts des terres & des expositions où elles font femées.

30. Tous les femis du printems & de l'été,
fur-tout dans les terres fortes, doivent être
garnis de terreau ou au moins de fumier court
(ce font les parties groffieres du terreau, ou
les pailles très-courtes qu'on retire des bords &
des fentiers des couches, ou des tas de fumier
confommé) ou d'un peu de mouffe, pour
les préferver du hâle & de la féchereffe, & les
empêcher de fe gerfer & de fe durcir & croûter.

4°. Si l'on n'a point de couches, il faut repiquer les jeunes plantes délicates en terre douce, amendée, & bien expofée; & les lever en
motte, autant qu'il eft poffible, lorfqu'on veut
les mettre en place.

5°. Dans les terreins infectés de courtillieres,
il faut femer en pots ou en terrines toutes les
graines dont on ne fait pas de Semis très-éten-
dus.

6°. Si nous ne faifons pas toujours les envois
immédiatement après les demandes qu'on nous
fait de plants qui fe peuvent tranfplanter depuis Septembre jufqu'en Mars, c'eft que nous
choififfons les temps doux & propres au tranf-
port & à la confervation de nos envois, qui
pourroient périr, ou beaucoup fouffrir, dans
les temps de gelées.

CATALOGUE

DES

GRAINES, BULBES ET PLANTS,

QUI *se trouvent chez le Sieur* VILMORIN - ANDRIEUX.

Nota. Les Phrases latines sans citation sont de M. *Linnæus :* celles qui sont citées J sont de M. *de Jussieu.*

I.

Racines, Bulbes, gros Légumes, Salades, fines Herbes, Plantes aromatiques, Graines & Fruits de Potager.

ABSYNTHE, *Arthemisia Absynthium ;* plante moyenne, vivace.

Petite Absynthe, ou Pontique, *Arthemisia Pontica ;* moindre en toutes ses parties. Semences, pieds éclatés en mars; tout terrein, bonne exposition.

Ail, *Allium fativum ;* pl. bulbeufe vivace.

Ail Rocambole, *Allium Scorodopraſum.*
Bulbes éclatées; femences & Rocamboles au printems ; tout terrein.

Ambroisie, Thé du Mexique, *Chenopodium Ambroſioides ;* pl. moy. ann. Semences au printems fur couche.

Ananas ▄▄▄▄▄▄▄▄▄Cette plante exotique, qui dans notre climat ne peut réuſſir qu'en ſerre chaude & ſous chaſſis, ſe multiplie de drageons & de couronnes, qui ſe plantent en mars & avril.

Angelique, *Angelica archangelica ;* très-grande plante vivace. Plant : femences peu couvertes; fin de l'été mieux qu'au printems.

Anis, *Pimpinella Aniſum ;* gr. pl. annuelle, ombelle de petites fleurs blanches. Semences au printems ; bonne terre légère & arroſée.

Arroche, Bonne-Dame, *Atriplex hortenſis.*
Arroche rouge, *Atriplex hort. rubra.*
Arroche très-rouge; *Atriplex hort. ruberrima.*
Grande pl. du printems. Semences en mars ; tout terrein.

Artichaud, *Cynara Scolymus.*
Artichaud Vert, groſſes têtes vertes.
Artichaud Violet, moindres têtes violettes.
Artichaud Blanc, très-petites têtes blanchâtres.
Artichaud Rouge, très - petites têtes rouge-pourpre.

(23)

Grande plante trifannuelle. Œilletons éclatés en mars, avril & mai ; bon terrein engraiffé ; arrofer ; abriter pendant l'hiver. Semences fin d'avril & pendant tout le mois de mai : en mars & commencement d'avril elles pourriffent au lieu de germer, fi la terre n'eft pas encore échauffée. Mais on peut les femer dès la fin de février dans de petits pots enterrés dans une couche ; & ne les mettre en place, que lorfque la force du plant & la faifon le permettront. Cette pratique eft néceffaire dans les terreins froids, ou ravagés par les infectes.

ASPERGE d'Aubervilliers, petite Afperge, *Asparagus officinalis ;* plante vivace. Semences ou jeunes pattés en automne ou au printems en foffes garnies d'engrais.

Afperge de Hollande.

Afperge d'Allemagne, groffe Afperge.

Celles - ci exigent & méritent plus de culture & de façons. Creufer des foffes larges de quatre ou quatre pieds & demi fur une longueur à volonté, de dix-huit pouces de profondeur en terre feche & légere, d'un pied en terre forte & humide. (Si le terrein eft très-humide, creufer davantage les foffes ; garnir le fonds d'une bonne épaiffeur de platras, décombres, écailles d'huîtres, ou de gazons, ou de jonc marin, ou d'autres matières groffières propres à tirer l'humidité). Laisser entre chaque foſſe un intervalle de trois ou quatre pieds ; garnir les foſſes d'environ un pied de fumier, ou mieux de gazons pourris, de boues de rues, ou autres bons engrais ; le bien marcher de bout en bout ; le couvrir de trois pouces des terres forties de la fouille, amendées ſi elles ne font pas de bonne qualité, ſans pierres ni matières groſſières. Au printems ou en automne, étendre ſur chaque foſſe deux ou au plus trois rangs de jeunes pattes d'un ou deux ans, à dix-huit ou vingt pouces l'une de l'autre, & jetter deſſus trois autres pouces de terre ; ou bien, dans les mêmes ſaiſons & à la même diſtance, faire de petites foſſes d'un ou deux pouces de profondeur, femer dans chacune deux ou trois graines d'Aſperges, les couvrir d'un pouce de terreau : lorſque le jeune plant ſera fortifié vers la fin de mai, laiſſer le plus beau pied dans chaque place, arracher les autres. Pendant l'été farcler, biner, arrofer : en novembre ſuivant, charger encore les foſſes de trois pouces de terre ; au printems, un petit labour ; pendant l'été, farcler, biner, arrofer ; l'automne ſuivant, couvrir les foſſes d'un ou deux pouces de bon fumier, & le laiſſer découvert pendant l'hiver ; à la mi-février ſuivant, jetter encore trois pouces de terre ſur ce fumier ; au printems, couper les plus belles Afperges ; au mois de novembre , couper toutes les tiges , retirer trois pouces de terre & la jetter fur les intervalles ou ados ; au mois de février , donner un petit labour & rejetter ces trois pouces de terre fur les foffes ; biner & farcler pendant l'été. Donner tous les ans les mêmes façons ; de forte que les pattes feront couvertes de fix pouces de terre pendant l'hiver , & de neuf pendant l'été : fumer tous les deux ans , comme il vient d'être dit , avec des engrais doux & bien confommés.

AUBERGINE , *Voyez* MELONGENE.

AURONNE , Citronnelle , *Arthemifia fuaveolens ;* plante vivace propre pour bordures. Marcottes & boutures : automne & hiver.

BASILIC (grand) *Ocymum Monachorum.*

Bafilic à feuille d'Ortie , *Ocymum Bafilicum.*

Bafilic à feuille de Laitue , *Ocymum Bafilicum bultatum.*

Bafilic à feuille de Chicorée , *Ocymum Bafilicum fimbriatum.*

Bafilic d'Egypte à odeur de Fenouil , *Ocymum Bafilicum Ægyptiacum.*

Petit Bafilic , Bafilic fin , *Ocymum minimum.*

Petit Bafilic violet.

Plantes moyennes annuelles. Semences en mars fur couche ; en pleine terre en avril.

BAUME , *Mentha hortenfis.*

Baume violet.

Baume vert.

Baume panaché de violet.

Baume citronné, à feuille d'Ortie.

Pl. baffe vivace. Semences ou drageons au printems, en terre fraiche & légère.

BETTERAVE, *Beta vulgaris*.

Betterave (groffe) rouge.

Betterave jaune.

Betterave blanche.

Betterave (petite) rouge, ou de Caftelnaudary.

Grande plante annuelle. Semences en mars; bon terrein gras, meuble; labouré profondément.

BLED de Turquie, Maïs, Bled d'Inde, *Zea Mays*; grande plante annuelle. Semences en avril, bon terrein.

BOURRACHE, *Borrago officinalis*; fleur bleue.

Bourrache, fleur blanche.

Grande pl. ann. Semences tous les mois.

BUGLOSSE (grande) *Anchufa officinalis*; grande plante vivace. Semences & drageons en mars; tout terrein.

CAMOMILLE Romaine, *Anthemis nobilis*; pl. vivace; odeur agréable. Traces; pieds féparés.

CAPUCINE (grande) *Tropœolum majus*.

Capucine petite à fleur jaune. *Tropœolum minus*.

Semences en mars fur couche; plus tard

en pleine terre ; pied des murs, ou abri ;
bonne terre, arrofements ; propres à couvrir des murs ou des treillages. Le bouton
confit au vinaigre fert aux mêmes ufages
que les Câpres.

Capucine à fleur double. Boutures peu mouillées, fur couche au premier printems ; dans
de vieux terreau, ou en pleine terre en mai,
à l'ombre. Peut fe planter en pleine terre à
bonne expofition ; y fleurit beaucoup. Ne
peut paffer l'hiver qu'en ferre chaude.

CARDON de Tours (épineux à tête pleine),
Cynara Cardunculus.

Cardon d'Efpagne (creux, fans épines).

Très-grande plante annuelle. Semences
en pleine terre à la fin d'avril en petites
foffes remplies d'engrais ; arrofements. Plus
tôt fur couches, ou mieux en petits pots en-
foncés dans une couche. Les Semis trop hâtifs, tant fur couches qu'en pleine terre,
font fujets à monter : les empailler en automne ; les mettre dans la ferre lorfque les
gelées font à craindre.

CAROTTE, *Daucus Carota.*

Carotte jaune.

Carotte rouge.

Carotte blanche.

Plante baffe annuelle. Semences peu couvertes en bonne terre légère en mars ; en
terre forte, à la fin d'avril ; à la fin d'août &

en septembre, pour le printems ; couvrir de litière dans les fortes gelées.

Carotte courte hâtive, très-bonne : sur couches & en pleine terre, l'automne & l'hiver.

CELERI, *Apium grave olens.*

Céleri plein.

Céleri couleur de rose.

Petit Céleri de Paris à couper.

Céleri-rave.

Grande plante annuelle. Semences sur couches depuis janvier jusqu'en mai ; en pleine terre en mai & juin ; repiquer en bon terrein ; mouiller souvent. Couper assez près la grosse racine du Céleri-rave en le replantant, le chausser un peu lorsqu'il commence à grossir ; le biner & arroser souvent.

CERFEUIL commun, *Scandix Cerefolium* ; pl. moyenne annuelle. Semences tous les quinze jours, ombre, humidité.

Cerfeuil musqué, *Scandix odorata* ; vivace. Jeune plant d'un an planté au printems ; semences en mars qui ne levent que l'année suivante ; mieux récemment recoltées, elles levent au printems suivant.

CHERVIS, *Sium sisarum* ; petite pl. vivace. Semences en mars, trempées cinq ou six jours dans de l'eau de pluie entretenue dans une tiédeur douce ; semées par rayons en mars sur du terreau fin de vieille couche, recouvertes de même terreau & d'un peu de

fumier court; mouillées légerement & fouvent ; difficiles à lever : mieux petites racines, ou têtes des groffes racines plantées au
printems; réuffit mal en terre féche ou pierreufe.

Chicorée, *Cichorium endivia*.
Chicorée de Meaux.
Chicorée fine d'Italie.
Chicorée Scarole.

    Petite plante ann. Semer (peu) en mars,
avril & mai.

Chicorée Sauvage, *Cichorium intibus*.
Chicorée Sauvage panachée.

    Plante vivace. Semer tous les quinze
jours pendant toute l'année fur couche ou
en pleine terre, pour l'avoir toujours tendre en petite falade; arrofer fouvent.

    Ces premiers femis de toutes les Chico-
rées & Scaroles font fort fujets à monter;
ceux de juin, juillet & août font les meilleurs.

Un des meilleurs expédiens pour faire blanchir de la Chicorée Sauvage pendant l'hiver
& l'automne, eft de prendre un tonneau
enfoncé par un bout; percer le fond de quelques petits trous; environ trois pouces au
deffus du fond, faire tout autour du tonneau des trous à peu près de la grandeur
de celui du bondon, (afin qu'on puiffe y
faire paffer plufieurs pieds de Chicorée)

aussi près les uns des autres qu'on pourra ;
deux ou trois pouces au dessus de ce rang de
trous en faire un second ; ensuite un troisiéme , un quatriéme , &c. jusqu'au haut du
tonneau. En novembre ou décembre, placer debout ce tonneau dans une cave ; le
garnir, jusqu'à la hauteur du premier rang
de trous , de terre sablonneuse légere, plûtôt fraiche que mouillée, où mieux de terreau ; sur ce lit placer des racines de Chicorée semée au printems , de sorte que le
collet soit vis-à-vis des trous ; les recouvrir
d'un second lit de terre ou terreau jusqu'à
la hauteur du second rang de trous, y cou-
cher de même des racines de Chicorée ; &
ainsi de suite. Lorsque le tonneau sera garni,
donner une mouillure, qui ordinairement
suffit pour tout l'hiver. La Chicorée pousse
& fournit abondamment presque tout l'hiver.

CHOU-POMME d'Yorck , le plus hâtif, *Bras-
fica oleracea capitata præcox.*
Chou hâtif en pain de sucre , Chou pointu ,
Chou chicon.
Chou de Bonneuil.
Chou de Saint-Denis.
Chou de Hollande , très-grosse tête platte.
Chou d'Alsace, de la seconde & troisiéme sai-
son ; & autres variétés du même pays.
Chou d'Allemagne , tardif, le plus gros des
Choux-pomme.

Ces Choux-pomme rangés ici dans l'ordre successif de leurs productions, (supposé qu'ils soient semés en même tems) peuvent être semés tout l'hiver sur couches, ou à de bons abris ; mieux en août & septembre, pour être piqués en pépinière l'automne, & mis en place au printems ; les grosses especes espacées de trois ou quatre pieds en bon terrein, & rechauffées. On peut planter en place avant l'hiver les variétés les plus hâtives.

Chou de Milan, ou frisé & pommé hâtif, petit, fort bon. *Brassica oleracea capitata Sabauda.*

Chou de Milan de la seconde saison.

Chou de Milan de la troisième saison.

Chou de Milan ordinaire.

Chou de Milan à tête longue.

Chou de Milan doré.

Chou frisé d'Allemagne à très-grosse tête.

Chou Pancalier frisé & pommé de Touraine.

Ces Choux se sement depuis la fin de l'hiver jusques vers la fin d'avril. On peut semer un peu des hâtifs avant l'hiver. Les quatre dernieres variétés résistent long-tems en hiver.

Chou-Pomme rouge, *Brassica oleracea capitata rubra.*

Chou-Pomme rouge d'Allemagne.

Chou-Pomme rouge de Hollande, petit, fort bon, tardif.

Semer en hiver ou dès le commencement du printems sur couche ou à l'abri. Le dernier se seme bien en août.

Chou vert frisé d'Allemagne, *Brassica oleracea viridis*.

Chou frisé rouge, *Brassica oleracea rubra*.

Chou panaché ou tricolor frisé, *Brassica oleracea Sabellica*.

Chou blond, & vert à large côte, très-bon.

Chou Cavalier, *Brassica oleracea sylvestris*.

Chou vivace, *Brassica oleracea semper vivens*.

Se sement en mars, avril, mai; fort bons pendant l'hiver, lorsque les feuilles ont été attendries par les gelées. Le Chou Cavalier préférable, n'ayant point goût de musc. Il peut se semer en juillet ou août : pendant tout l'été on cueille ses feuilles pour nourrir les vaches & les cochons ; il s'éleve fort haut.

Le Chou Pancalier, le vrai Chou de Hollande, le Chou d'Espagne, *Brassica oleracea Selenisia*; mêmes qualités, même culture.

CHOU-RAVE ou de Siam, blanc, *Brassica oleracea Gongylodes* ; & le violet. Tige enflée comme une très-grosse pomme. Semer dès le commencement de mars, jusqu'en mai; les manger à demi grosseur pour être tendres. Ceux des derniers semis, qui ne se recueillent qu'avant les gelées, sont rarement durs.

CHOU-NAVET,

Chou-Navet , *Braffica oleracea Napo-Braf-
fica; racine formant une groffe bulbe : fe
cultive comme le précédent.
Chou-fleur dur, *Braffica oleracea botrytis.*
Chou-fleur dur d'Angleterre.
Chou-fleur tendre.
Chou-fleur de Malthe.
Chou-fleur de Hollande.
Chou-fleur d'Italie.
Chou-fleur de Chypre.

Semez fur couche en octobre (le tendre
en janvier). Repiquez fur couche ; plantez
au printems en terrein bien labouré, bien
engraiffé ; mouillez beaucoup & fouvent.
Semez en pleine terre en mai. Les durs fe
peuvent femer en août ou feptembre, &
repiquer en pleine terre en lieu bien abrité;
ils veulent une bonne terre légere. En terre
forte ou froide il eft néceffaire pour ceux-ci,
& très-bon pour tous les autres qu'on plante
au printems, jufqu'à la fin de mai, de les
traiter ainfi. Faire un trou d'un pied carré,
mettre dans le fond un lit de fumier de cheval bien confommé, & par deffus de bonne
terre mêlée en partie égale de terreau de
vieilles couches ; y planter un Chou ; garnir le deffus d'un peu de fumier court. Il
eft même plus sûr, dans ces terreins, au
printems de repiquer deux fois le Chou-
fleur, pour l'arrêter & l'empêcher de monter.   C

Voyez pour les Semis de toutes fortes de Choux, le *Nota* 2°. *page* 19.

Chou-Brocoli violet commun.

Chou-Brocoli violet de Malthe.

Chou-Brocoli blanc d'Angleterre.

Ce Chou, qui paroît une variété du Chou-fleur, donne fous chaque feuille, & à l'extrémité de la tige, des drageons tendres & fucculents. Il fe feme depuis janvier jufqu'à la fin d'avril ; fe plante en bonne terre engraiffée, comme les Choux-pomme : ou bien il fe feme en juin & juillet, fe plante avant ou après l'hiver, pour produire en mars ou plus tard. Ce Chou devroit être plus commun. Ceux qui le connoiffent, le comparent & même le préférent, furtout le blanc d'Angleterre, aux Choux-fleurs, dont il n'exige pas les foins & les façons.

Plufieurs autres variétés de Choux tant curieux qu'utiles.

CIBOULE, *Allium fiffile*, J. Petite pl. bulb. bifann. Semences tous les quinze jours depuis mars jufqu'en août.

Ciboule vivace ; touffes éclatées au printems.

CIBOULETTE, Cive, Civette, *Allium fchænoprafum* ; très-petite plante bulbeufe, touffes éclatées en mars.

CITROUILLE, *Cucurbita pepo* ; très grande pl. rampante annuelle ; très-gros fruit vert.

Citrouille jaune.

Citrouille grife.

Citrouille jaune-pâle.

    Semences en mars & avril, en petites foſſes garnies de fumier.

Cochléaria , herbe aux cuillers , *Cochléaria officinalis* ; petite pl. biſannuelle. Semences printems & été.

Concombre , *Cucumis ſativus* ; pl. moy. ann. rampante.

Concombre jaune.

Concombre hâtif blanc.

Concombre vert , pour cornichons.

Concombre ſerpent , *Cucumis flexuoſus* , pour cornichons.

    Culture d'un grand détail. On ſeme les Concombres pour cornichons en pleine terre à la fin de mai : on les mouille au beſoin.

Cresson Alenois , Nasitor , *Lepidium ſativum*.

Creſſon Alenois (petit) friſé.

Creſſon Alenois (grand) , à feuilles d'ortie ou feuilles d'oſeille.

Creſſon de Para , *Spilantus oleraceus*.

Creſſon à fleur rougeâtre , *Spilantus Braſilianus*.

    Petite pl. ann. Semences ſur couches pendant l'hiver ; en pleine terre tous les quinze jours , pendant le printems & l'été.

Echalotte , *Allium aſcalonicum* ; très-petite

pl. bulbeuſe. Bulbes ſéparées en mars, plantées à fleur de terre.

Epinard, *Spinacia oleracea.*

Grand Epinard, ou Epinard de Hollande.
Plante moy. ann. Semences depuis mars
juſqu'à la fin de ſeptembre ; à l'ombre pendant l'été.

Estragon, *Arthemiſia dracunculus ;* petite
plante vivace. Pieds éclatés au printems &
en automne ; arróſements.

Fenouil, *Anethum fœniculum ;* grande plante
vivace. Semences en mars.

Fenouil doux à faire blanchir, ou Anis de
Paris. Semences en mai & juin ; même culture que celle du Céleri.

Féve de Marais, *Vicia Faba major ;* grande
plante annuelle.

Groſſe Féve de Windſor.

Petite Féve Julienne.

Petite Féve naine d'Angleterre.

Féve de Marais toujours verte.

Féve d'Angleterre à coſſes très-longues ; es-
timée.
Semences en décembre & janvier au pied
des murs : depuis février juſqu'à la fin d'a-
vril en bon terrein.

Fraisier commun des bois, à fruit rouge,
Fragaria ſylveſtris.

Fraiſier commun à fruit blanc.

Fraiſier commun à fleur ſemidouble.

Fraiſier commun ſans filets.

Fraiſier commun blanc hâtif d'Angleterre.

Plante baſſe touffue triſannuelle. Piéds éclatés, filets, ſemences au printems & en automne.

FRAISIER des Alpes, à fruit rouge, *Fragaria ſylveſtris ſemper florens.*

Fraiſier des Alpes à fruit blanc.

Plante moindre que les précédents ; donne du fruit preſque tous les mois, s'il eſt bien cultivé, & renouvellé de graines tous les ans. Semences en pot, terrine, caiſſe, pleine terre, à l'ombre, en terre douce & très-meuble : enterrer très-peu ou point les graines, couvrir de mouſſe ; mouiller ſouvent & très-légerement ; repiquer en bonne terre non engraiſſée, à diverſes expoſitions. Les graines fraiches levent en 18 jours ; les autres ſont lentes à lever. Pour avoir du fruit en hiver, mettre en ſeptembre en chaque pot deux ou trois pieds (ſuivant leur force) de plant des Semis du printems qu'on aura eu ſoin d'éfiler pendant l'été. En octobre ou novembre, placer les pots ſous des chaſſis dans des couches de chaleur modérée.

FRAISIER de Bargemont, *Fragaria Ceſalpini* ; plante moindre que le Fraiſier des Alpes ; peut rapporter deux fois par an ; excellent fruit. Semences, & filets.

Fraisier vert d'Angleterre, *Fragaria viridis*;
de même grandeur que le Fraisier de Bargemont; le fruit est rouge-brun & vert-blan-
châtre, plein d'eau.

Fraisier - Caperon hermaphrodite, *Fragaria
moschata hermaphrodita*; le plus grand des
Fraisiers; gros fruit de médiocre bonté.

Fraisier-Caperon framboise, bon fruit.

Fraisier-Caperon abricot.

Sont fécondés par l'hermaphrodite.

Fraisier Ecarlate, *Fragaria Americana coccinea*; grand Fraisier hâtif & propre pour les
chassis; parfum médiocrement bon.

Fraisier Ananas, *Fragaria Americana Ana-
nassa*; grand Fraisier, gros & bon fruit,
d'un parfum très-agréable.

Fraisier de Caroline, *Fragaria Americana lu-
cida*; un peu moins grand que le précédent,
fruit plus coloré & brillant.

Fraisier de Bath, *Fragaria Americana Milleri*;
plus grand que les deux précédents; fruit
plus gros, moins coloré & moins parfumé.

Fraisier du Chili, *Fragaria Chiloensis*; grand
Fraisier rarement fertile, s'il n'est fécondé
par le Fraisier Ananas ou le Caperon; la
plus grosse de toutes les Fraises, pleine
d'eau, peu parfumée.

Fraisier de Versailles à feuille simple, *Fragaria monophylla*.

Fraisier vineux de Champagne.

Fraisier de Mignonne.
Fraisier de la Thuringe.
Fraisier de Lonchamp.
Fraisier nain de Suede, &c.

 Plus curieux qu'utiles.

GERMANDRÉE, *Teucrium Chamædris* ; plante
 vivace pour bordures. Pieds féparés.

GIRAUMON , *Cucurbita Americana.*
Giraumon Paftiffon, *Cucurbita melopepo.*
Giraumon Courge , *Cucurbita lagenaria.*
Giraumon-Turban ; gros , de forme belle &
 fingulière , fort bon frit en pâte comme l'Ar-
 tichaud.
Giraumon Paftiffon, Bonnet d'Electeur ; forme
 fingulière ; bon , frit de même.

 Plantes , les unes grimpantes , les autres
 rampantes , annuelles. Grand nombre de
 variétés de Giraumons & Paftiffons , tant
 utiles que curieufes : même culture que la
 Citrouille.

HARICOT de Soiffons , *Phafeolus vulgaris.*
Haricot blanc fans parchemin, Predome blanc ;
 petit , excellent.
Haricot jaune fans parchemin , Predome jaune ;
 mêmes qualités.
Haricot tout-jaune fans parchemin. Toutes les
 parties de la plante , excepté la fleur , font
 jaunes.
Haricot Mignon blanc ; petit , excellent en fec.

Haricot-Pois rouge, Haricot de Prague, fans filets & fans parchemin.

Haricot nain blanc hâtif de Hollande.

Haricot nain blanc hâtif de Laón.

Haricot nain jaune hâtif fans parchemin.

Haricot nain Suiffe blanc, rouge, noir, varié, &c.

Beaucoup d'autres varietés tant de nains que de grimpants, de diverfes grandeurs, couleurs, qualités. Semences fous chaffis jufqu'à la mi-avril; en pleine terre graffe & bien labourée depuis mai jufqu'en août. Les Haricots rouges, & gris ou variés, fujets à changer de couleur & même de qualité dans les terres chaudes & légeres, qui conviennent médiocrement à cette plante.

HERBE DE SAINTE-BARBE, *Eryfimum Barbarea* ; plante moyenne. Semences, boutures & éclats au printems & en automne. Se mange comme le Creffon de fontaine.

HOUBLON, *Humulus Lupulus* ; gr. pl. viv. farmenteufe. Semences au printems ; racines en hiver. Les jeunes pouffes au printems fe mangent comme les Afperges.

HYSSOPE, *Hiffopus officinalis* : pl. moyenne viv. Semences ou pieds éclatés au printems & en automne.

LAITUE, *Lactuca capitata* : plante baffe ann.

Laitue Impériale ou Allemande : fort groffe ; printems.

Laitue Cocasse : grosse ; été , hiver ; terre
légère , arrosemens.

Laitue de Versailles : supporte mieux l'hiver.

Laitue Batavia : très-grosse ; été ; difficile sur
le terrein ; arrosemens.

Laitue Batavia brune, ou Laitue Chou : bonne
variété.

Laitue Grosse rouge : grosse ; toutes saisons ,
tout terrein.

Laitue Coquille : supporte très-bien l'hiver.

Laitue Passion : supporte encore mieux l'hiver.

Laitue Grosse blonde : grosse & blonde ; printems & automne.

Laitue George : grosse , tendre ; terrein léger.

Laitue Bapaume : grosse ; médiocre bonté ; toute saison , tout terrein.

Laitue d'Italie : moyenne grosseur ; très-bonne ;
terrein léger.

Laitue Hollande , ou grosse brune : grosse ; été ;
médiocrement tendre.

Laitue Paresseuse : grosse ; semée au commencement de mars , très-lente à monter ; été.

Laitue Royale : grosse ; tendre ; arrosemens ;
été.

Laitue Perpignane : fort grosse ; tendre ; été ;
terrein sec.

Laitue petite Crêpe : fort petite ; hiver sur
couches ; printems sous les murs.

Laitue Grosse Crêpe : plus grosse ; mêmes
saisons & expositions.

Laitue Gotte. C'eſt la meilleure ſous cloches ;
bonne ſous chaſſis.

Laitue Verte hâtive de Hollande ; la meilleure ſous chaſſis.

Laitue de Bellegarde ; groſſe, tendre, de toutes ſaiſons.

Laitue Dauphine : fort groſſe ; excellente au
printems.

Laitue Flagellée : moy. fouettée de rouge ;
printems, & automne.

Laitue Berg-op-zoom : petite ; bonne ; toutes
ſaiſons.

Laitue Palatine : ſemblable à la Berg-op-zoom ;
plus groſſe.

Laitue Sans-pareille : moy. groſſeur ; lente
à pommer.

Laitue Mouſſeronne : petite ; fort tendre.

Laitue Epinard, & Chicorée ; à couper pluſieurs fois.

Pluſieurs autres variétés.

Les Laitues d'hiver ſe ſement à la fin
d'août & au commencement de ſeptembre ; ſe repiquent en automne le long des
murs bien expoſés, ou ſur des ados bien
abrités ; on les couvre de litière dans les
grands froids.

Laitue-Romaine, Chicon, *Lactuca ſativa
Romana.*

Laitue-Romaine verte : groſſe, toute ſaiſon,
tout terrein.

(43)

Laitue-Romaine Panachée : tendre , excellente ; printems.

Laitue-Romaine Blonde : peu arrofée en terre
forte.

Laitue-Romaine Brune : fort douce ; hiver ,
printems & automne.

Laitue-Romaine Grife : très-groffe , bonne ,
lente à fe former , peu fujette à monter dans
l'été ; paffe bien l'hiver.

Laitue-Romaine Hâtive : reffemble à la Blonde ;
hiver fous cloches.

Laitue-Romaine Alfange : feuille très-longue
& très-large , jaune & rougeâtre.

   Les Romaines d'hiver fe fement en même tems que les Laitues d'hiver.

LAVANDE , *Lavandula fpica :* pl. moy. viv.
Petite Lavande.

   Semences ; mieux pieds éclatés en mars ,
avril , feptembre.

LAURIER FRANC , *Laurus nobilis :* aime les
murs à l'expofition du nord.

LENTILLE grande ; blonde.

Lentille à la Reine ; petite , rougeâtre , propre pour les coulis.

Lentille d'Efpagne ; forte de Geffe blanche ,
affez reffemblante à une petite Féve de Marais ; pl. moy. un peu rameufe ; bonne en
vert comme les petits pois.

Lentille de Canada , très-petite vefce blanche ,
bonne pour purées.

Semez en mars & avril. Terrein fec, fableux, fans engrais pour la grande & la petite Lentille.

MACHE, Bourfette, Doucette, *Valeriana locufta*.

Grande Mache d'Italie.

Petite plante baffe ann. Semences depuis la mi-août jufqu'à la mi-octobre ; bonne terre meuble amendée, arrofements.

MARJOLAINE , *Origanum majorana :* petite pl. vivace ; femences, pieds éclatés, au printems.

MATRICAIRE double, *Matricaria Parthenium multiplex.*

MELILOT , *Trifolium Melilotus.*

Melilot odorant, Baume du Perou, *Trifolium Melilotus cœrulea.*

MELISSE, Citronelle , *Meliffa hortenfis.*

Meliffe Romaine citronnée, *Meliffa officinalis Romana.* J.

Plante moy. viv. Semences, pieds éclatés ; au printems ; bon terrein , à l'ombre.

MELON Maraicher, *Cucumis Melo :* brodé ; chair rouge , vineufe.

Melon de Coulomiers : le plus gros des Melons.

Melon des Carmes : moyen, peu brodé ; chair pâle, fucrée.

Melon des Carmes (petit).

Melon de Langeais : moyen, alongé, à côtes ; chair rouge vineufe, fucrée.

(45)

Melon Sucrin de Tours : gros, rond, brodé;
chair rouge, ferme, très-fucrée.
Melon Cantaloup noir, galeux, argenté, &c.
de 30 à 40 variétés.

Voyez la Taille des Mélons à la fin,
Chap. VII. *à la fúite des couches pour*
Melons, &c.

MELON d'Eau, Pafteque, *Cucurbita citrullus :*
planté moyenne rampante ann. comme tous
les Melons. Semences fur couche en avril;
plantés fur couche ou en terre bonne &
graffe ; arrofements.

MELONGENE, Aubergine, Meringeane, &c.
Solanum Melongena : pl. moyenne, ann.
Plufieurs variétés.

Semences fur couches ; planter fur couches, ou en bonne expofition ; mouiller
fouvent. Ses fruits violets, longs ou ronds,
les longs par préférence, font un plat d'en-
tremets. Etant fendus en deux fuivant leur
longueur, & leur pulpe tailladée profondément en tout fens, la couvrir d'une farce
faite de chapelure & de mie de pain, de
fines herbes hachées, de fel, de poivre,
d'anchois, d'huile ou de bon beurre; mettre fur le gril ou dans une tourtière ; faire
cuire à petit feu, arrofant d'un peu d'huile
ou de beurre, à mefure que la cuiffon s'a-
vance ; fervir bien cuit & bien chaud.

MENTHE-COQ , *Tanacetum balfamita.*

Menthe des jardins, *Mentha gentilis.*

Menthe frifée, *Mentha crifpa.*

Menthe poivrée, *Mentha piperita.*

MOLDAVIQUE, NEPENTÈS, *Dracocephalum Moldavica :* grande plante ann. Semences au printems ; bonne expofition.

La Recette du Ratafia de Moldavique fe trouvera à la fin de ce Catalogue.

MOUTARDE, Senevé, *Sinapis nigra :* gr. pl. annuelle.

Moutarde blanche, Plante-beurre, *Sinapis alba :* plante vantée par l'excellente huile qu'on dit en extraire.

Semences claires en mars en terrein meuble & bien expofé, un peu frais.

NAVET, *Braffica Napus :* plante baffe à racine, annuelle.

Navet de Vaugirard.

Navet de Meaux.

Navet de Freneufe.

Navet de Belleville.

Navet jaune.

Navet rouge, long, & rond.

Navet vert, rond, petit.

Gros Navet vert, long, de Berlin.

Navet noir.

Navet Turnep.

Semer depuis mars jufqu'à la mi-août ; les premiers Semis en terre bien douce, parce qu'ils font fujets à monter & durcir ;

(47)

tous par un tems pluvieux ou couvert, à
cause du puceron. Voyez *Nota* 2°. *page* 19.

NIELLE aromatique, Toute-épice, *Nigella
sativa* : pl. moy. ann. Semez depuis mars
jusqu'en septembre.

OEILLET à Ratafia, *Dianthus caryophyllus*.
Semences au printems.

OIGNON, *Allium Cepa* : plante bulbeuse ann.

Oignon rouge.

Oignon blanc.

Oignon pâle.

Oignon d'Espagne.

Oignon d'Espagne doux, alongé.

Petit Oignon blanc de Florence.

Semences à la fin de février en terres légeres, à la fin de mars en terre forte. L'Oignon de Florence depuis février jusqu'en
juin tous les quinze jours. Bonne terre amendée, mais non récemment fumée. En août
& septembre on peut semer de l'Oignon
blanc ; le repiquer en octobre ; l'arroser au
printems ; il sera bon en mai ou juin.

Oignon de Manacarongha en l'isle de Mada-
gascar ; très-doux, bon en salade. Semer de
bonne heure sur couche, ou en terre préparée en bonne exposition.

ORIGAN, *Origanum vulgare*.

ORVALLE, *Salvia sclarea*.

OSEILLE, *Rumex acetosa* : plante moy. vivace.
Semences ou pieds séparés.

Oseille vierge, *Rumex acetosa arifolia* : grande ; pieds séparés ; bonne terre engraissée.

PANAIS , *Pastinaca sativa.*

Panais rond ; quelquefois s'allonge un peu dans les terres fort légeres.

Grande plante ann. Se cultive comme la Carotte ; ne craint point la gelée.

PASTISSON , *Voyez* GIRAUMON.

PERSIL , *Apium petroselinum.*

Persil frisé, gros Persil.

Se sement au printems ; tout terrein.

Persil de Hambourg à grosse racine. Semer au printems , planter, biner, rechauffer comme le Céleri-Rave. Racine bonne au gras & au maigre.

PIMPRENELLE , *Poterium sanguisorba* : petite pl. viv. Semences , pieds éclatés ; printems & automne.

POIREAU , *Allium Porrum* : pl. bulbeuse ann. Semences en mars , repiqués en juin ou juillet en bonne terre grasse , labourée profondément.

POIRÉE , Bette , *Beta Cicla* : grande pl. bisannuelle.

Poirée blonde pour Cardes. Semences depuis mars jusqu'en août. La blonde craint les fortes gélees.

POIS , *Pisum sativum* : plante annuelle. Semences tous les mois excepté depuis août jusqu'en novembre ; terrein neuf, sans engrais.

Pois-Michaux

'ois Michaux : tendre, fucré, précoce, difficile fur le terrein.

'ois Michaux de Hollande : plus précoce, très-bon, moins grand.

'ois Dominé : bon, moins précoce; printems.

'ois à longue coffe : très-grand produit; depuis avril jufqu'en juillet.

'ois carré blanc : fort haut, tendre, très-fucré; de la fin de mars à la fin de mai.

'ois carré vert; pour les Purées; mars & avril.

'ois vert Normand : femblable au précédent; meilleur pour la Purée.

'ois à cul-noir : carré, vert; bon; depuis la mi-avril jufqu'en juin.

'ois de Clamart : grand rapport, tendre, fucré; depuis avril, jufqu'au 15 juillet pour manger en vert.

'ois fans parchemin : coffes tendres & fucrées; mars, avril, mai.

'ois fans parchemin à tache noire, bon, tendre; mars, avril.

'ois Nain vert; bon vert, & fec; mars & avril.

'ois Nain fans parchemin.

'ois Turc.

'ois Anglois.

'ois de Marly.

'ois Laurent.

'ois du mont Salvé.

'ois Sans-pareil.

D

Pois Nain de Hollande.

Pois Nain à bouquet.

Pois Chiche blanc, ou Garvanche, bon, trop peu connu ; mars & avril ; bonne exposition.

POIVRE-LONG, Piment, *Capsicum grossum* : pl. moyenne annuelle. Semences en avril, ou mars sur couche ; repiqués en mai en bonne terre.

POMME DE TERRE, Morelle-Truffe, *Solanum tuberosum* : grande plante tuberculeuse ; ann. plusieurs variétés. Tubercules en mars, rechauffés plusieurs fois.

POURPIER, *Portulaca oleracea*.

Pourpier vert.

Pourpier doré. Petite plante basse annuelle. Semences depuis la mi-mai jusqu'en automne : mouiller souvent la graine & le plant.

RAIFORT Sauvage, *Cochlearia armoriaca* : drageons enracinés ; depuis l'automne jusqu'au printems.

RAIPONCE, *Campanula Rapunculus* : petite pl. annuelle. Semez en juin, juillet, août, à l'ombre, en terre douce & bien préparée, couvrez seulement d'un peu de mousse nette, ou de paille brisée, pour empêcher la terre de se dessécher, durcir, crouter. Mouillez souvent & très-légèrement. On peut en semer parmi des raves, radis, oignon après l'avoir sarclé. Si cette graine manque, c'est faute d'attentions, & non de qualité ; car elle se conserve bonne jusqu'à six ans.

RAPONTIC, *Rheum Raponticum* : grande pl.
viv. Racines éclatées; automne & printems.

RAVE, RADIS, *Raphanus sativus* : pl. basse
annuelle.

Radis blanc rond.

Radis saumonné rond.

Radis rouge ou violet rond.

Hâtifs. Semez tous les quinze jours, sur
couche, en terre douce, suivant la saison.
Mouillez tous les jours dans les tems secs.

Gros Radis blanc. Semez depuis mars jusqu'en septembre; mouillez souvent.

Gros Radis gris, & noirs. Semez clair depuis
mai jusqu'en septembre.

Petite Rave hâtive. Semez toute l'année.

Rave saumonnée : moins hâtive. Semez de
même, mais surtout l'été & l'automne.

Rave rouge longue.

Rave blanche longue.

Semez depuis mars jusqu'en septembre;
couvrez de litière dans les gelées.

Rave tortillée du Mans.

Grosse Rave blanche d'Ausbourg : fine, excellente. Semez très-clair en mai, juin &
juillet; mouillez souvent.

RHUBARBE de la Chine, *Rheum palmatum.*

Rhubarbe de Moscovie, *Rheum undulatum.*

Drageons enracinés.

ROMARIN, *Rosmarinus officinalis* : arbrisseau

toujours vert. Semences , marcottes, drageons enracinés ; expofition au nord.

ROQUETTE, *Braffica Eruca* : pl. moy. ann. Semez fouvent comme le Creffon ; à l'ombre pendant les chaleurs : mouillez fréquemment.

RUE, *Ruta graveolens* : grande plante vivace. Semences ; pieds éclatés en mars ; foleil.

SALSIFIX blanc , *Tragopogon porrifolium* : petite pl. à racines, annuelle.

Salfifix Scorfonaire , *Scorzonera Hifpanica* : petite pl. à racines , bifannuelle.

Semences depuis avril jufqu'en août; terre meuble , non récemment fumée.

SANTOLINE blanche , *Santolina canefcens. J.*

Santoline verte , *Santolina chamæcypariffus.*

SARIETTE , *Satureia hortenfis* : petite pl. ann. Semences au printems.

Sariette vivace : femences & pieds éclatés.

SAUGE , *Salvia officinalis* : pl. moy. vivace.

Sauge panachée d'Angleterre , *Salvia officinalis tricolor. J.*

Sauge omelette , *Salvia officinalis variegata. J.*

Sauge à large feuille , *Salvia officinalis latifolia. J.*

Sauge de Catalogne , *Salvia officinalis tenuior. J.*

Pieds éclatés au printems.

TABAC , *Nicotiana Tabacum* : gr. plante ann. Semez au printems fur couches ou en bonne terre & bonne expofition.

TAUPINAMBOUR, Tarratouffe de Virginie ;
Helianthus tuberofus : très - grande pl. viv.
Tubercules au printems ; fe mange au gras
& au maigre ; moins farineux que la Pomme
de terre.

THIM, *Thymus vulgaris.*
Thim à large feuille.
Thim citronné.

Petite plante vivace. Touffes éclatées, &
femences au printems.

TOMATE, *Solanum lycoperficum* : grande pl.
farmenteufe annuelle.
Petite Tomate.

Semences fur couche au printems ; plantés en bonne terre, & bonne expofition.

I I.

Fleurs & Plantes de Parterre.

ACONIT NAPEL, *Aconitum Napellus* : fleurs
bleues, été.
Aconit Tue-loup, *Aconithum Lycoctonum.*

Grandes plantes vivaces, qui marquent
tres-bien dans les Jardins Anglois. Semences, mieux pieds éclatés depuis feptembre
jufqu'en mars ; tout terrein.

AMARANTHE TRICOLOR, *Amaranthus tricolor.*

Amaranthe à queue de Renard, *Amaranthus caudatus.*

Amaranthe Passe-velours, *Celosia cristata.*

Amaranthe Amaranthoïde, *Gomphrena globosa.*

Plantes moyennes ann. fleurs, queues, panaches de diverses couleurs; été, automne. Semez sur couches en février ou mars; repiquez sur couche, ou en bon terrein bien exposé; mettez en pleine terre à la fin de mai. Semez en pleine terre en avril & mai; arrosez; soleil médiocre. La Queue de Renard moins délicate pourroit se semer avant l'hiver.

AMBRETTE blanche & violette, *Centaurea moschata.*

Ambrette jaune, *Centaurea moschata lutea.*

Plante moyenne annuelle. Semez sur couche au commencement du printems; repiquez en bonne terre bien exposée; levez en motte; arrosez.

ANCHOLIE, Gans-Notre-Dame, *Aquilegia vulgaris:* à fleur simple bleue, blanche, panachée & couleur de rose.

Ancholie à fleur double, des mêmes couleurs, *Aquilegia vulgaris multiplex.*

Grande plante; été. Pieds éclatés depuis septembre jusqu'en mars.

ANEMONE, *Anemone Coronaria:* petite plante; à fleur simple; à fleur semidouble; diverses variétés.

Anemone à fleur double à peluche ; grand nombre de belles variétés.

Printems. Pattes éclatées ; femences des Simples & des Semidoubles depuis juillet jufqu'en feptembre, frottés dans les mains avec du fable pour rompre leur duvet qui les empêcheroit de s'attacher à la terre. Les Simples exigent peu de culture ; les Doubles, la même culture que la Renoncule. Craignent le grand froid & le grand foleil. Couvrir les planches defleuries, & les préferver du foleil après une pluie d'orage.

APIOS, *Glicine Apios :* grande plante grimpante peu commune ; fleur purpurine odorante, agréable. Racines éclatées en octobre ou avril ; pied d'un mur au midi.

ASPHODELLE blanche, *Afphodelus ramofus.*

Afphodelle jaune, ou Verge-de-Jacob, *Afphodelus luteus.*

Grande plante viv. fleurs le long de la tige. Semences, feptembre ou mars ; mieux pieds féparés en feptembre ou mars ; tout terrein un peu frais.

ASTER, Œil de Chrift, *After amellus :* pl. moyenne vivace ; fleur bleue, été, automne. Semences ; mieux traces éclatées au printems & en automne ; tout terrein.

After de Syberie, *After Sybiricus :* gr. plante.

After de la Nouvelle Angleterre, *After novæ Angliæ.*

Aster tardif, *Aster tardiflorus.*

Aster à grande fleur, *Aster grandiflorus.*

Aster misère, *Aster miser :* le plus tardif de tous.

Astragal des Alpes, *Astragallus Alopœcu-roïdes.*

Astragal d'Orient, *Astragallus galegiformis.*

Grande pl. viv. fleur blanche en épi, été. Semences au printems pour fleurir la seconde année ; pieds séparés, automne & printems.

Aubergine Violette, Melongene, *Solanum Melongena.*

Aubergine Ovifere, ou Plante qui pond, *Solanum oviferum.* J.

Plante moy. ann. fruit beau & singulier. Semences sur les premières couches ; planter & élever en pot sur couche, ou platte-bandes d'Espalier au midi ; arrosemens fréquents.

Balsamine double, *Impatiens Balsamina :* plusieurs variétés ; automne ; plante moy. ann. Semences au printems, mieux sur couches ; tout terrein ; mouiller.

Bassin, Bassinet, jaune double, *Ranunculus bulbosus multiplex.*

Bouton d'or double, *Ranunculus acris multiplex.*

Plante moyenne viv. printems. Pieds séparés depuis septembre jusqu'en mars.

Bazilic (petit), *Ocimum minimum :* petite

plante ann. été jusqu'aux gelées. Semences
au printems, mieux fur couches ; terre légere & bonne ; mouiller.

BELLADONE d'été, Lys Belladone, *Amaryllis
æstivalis :* fleurs en juin ou juillet.

Belladone commune d'automne, *Amaryllis
Regina :* fleurs en août & septembre.

Cayeux en automne & au printems; terre
graffe fablonneufe ; expofition chaude ; couvrir dans les fortes gelées.

BELLE-DE-NUIT, JALAP, *Mirabilis Jalapa :*
fleurs pourpres, rouges, panachées, &c.
automne.

Jalap du Mexique, *Mirabilis longiflora :* fleur
blanche d'une odeur très-agréable.

Grande plante, qu'il eft plus fûr & plus
commode de femer au printems, que de
multiplier de plant; tout terrein ; mouiller.

BELLEVEDER, *Chenopodium Scofparia :* plante
ann. pyramidale cultivée à caufe de fon port.
Semences au printems ; tout terrein.

BERMUDIANE, *Syfyrinchium Bermudiana :* petite plante vivace propre pour bordures;
fleur bleue ; été. Semences auffi-tôt que la
graine eft recoltée; pieds féparés, automne
ou printems ; tout terrein.

BLUET, Barbeau, *Centaurea Cyanus :* pl. moy.
annuelle; fleur rofe, blanche, puce, jaune,
panachée, &c. Semences, fin d'été & printems ; tout terrein.

Bourbonnoise double, *Lychnis dioïca purpurea. J.* Plante moy. viv. fleur rouge, printems. Pieds féparés en automne, février &
mars; bon terrein.

Bouton d'argent d'Angleterre, *Ranunculus
Aconitifolius* ; plante moyenne viv. belle
fleur blanche, printems. Pattes imitant celles d'Afperges, depuis août jufqu'en mars;
mouiller.

Buglose vivace, *Anchufa femper vivens* ; pl.
moy. viv. fleur bleu-célefte, printems. Semences au printems pour fleurir la deuxiéme
année ; œilletons, octobre ou mars.

Campanule à feuille de Pêcher, *Campanula
Perficifolia multiplex* ; plante moy. vivace :
fleur double blanche & bleue.

Campanule à feuille d'ortie, *Campanula Trachelium multiplex* ; même fl. plus grande.

Campanule Pyramidale, *Campanula pyramidalis* ; grande pl. viv. fleur bleue en pyramide.

Semence très-fine en août ou feptembre
mieux qu'au printems, en terre douce &
légère, très-peu couverte; vieux pieds, toute l'année.

Campanule des jardins, ou Viola Marina,
Campanula medium : pet. pl. annuelle ; fleur
bleue & blanche. Semences au printems ;
tout terrein.

Cardinale bleue, *Lobelia fiphilitica.*

(59)

Cardinale rouge , *Lobelia Cardinalis.*

Pieds éclatés ; femences au printems en terrein léger , frais , ombragé , peu enterrées : plantes délicates , difficiles à multiplier ; mieux en pots , ferrées en hiver.

Chou panaché , Chou à aigrettes , *Braffica oleracea Sabellica :* pl. bifannuelle. Semences en mars ou juin ; panache mieux en terrein maigre , ou en pot.

Colchique fimple , *Colchicum autumnale.*

Colchique double , *Colchicum autumnale multiplex.*

Plante baffe viv. tubercules au printems à trois pouces de profondeur ; déplanter tous les deux ans en août ou en mars ; terrein frais ; craint les grands froids.

Coloquinte-Citron , *Cucurbita Citriformis.*

Coloquinte - Citron Poire , *Cucurbita Pyriformis.*

Coloquinte-Citron , Orange , *Cucurbita Aurantiiformis.*

Plante ann. grimpante. Semences en avril & mai , mieux fur couches ; repiquer au pied des murs ou des tonnelles; bonne terre; mouiller.

Coquelourde , *Agroftema coronaria;* pl. moy. viv. fleur rouge. Semences , printems & été pour fleurir l'année fuivante.

Coquelourde double , *Agroftema coronaria multiplex ;* pieds féparés de feptembre en avril ; fujette à fondre , fi elle n'eft fouvent replantée ; terrein élevé.

Coquelourde à fleur rofe, *Agroftema cœli rofa :* pet. pl. ann. été. Semences fur couches au printems; mouiller.

CORAIL des jardins, Poivre de Guinée, *Capficum annuum :* femences au printems , mieux fur couches en pot , pour placer fur platte-bandes ou gradins , lorfque le fruit marque.

CORBEILLE d'or , *Aliffum faxatile :* pl. baffe vivace ; fleurs jaunes , printems. Semences au printems , fleurs la deuxième année , éclats & boutures de feptembre en mars.

COREOPSIS à oreilles , *Coreopfis auriculata.*

Coréopfis de Virginie , *Coreopfis tripteris.*

Plante moy. viv. fleur jauné. Semences , printems : éclats de feptembre en avril ; tout terrein.

COURONNE Impériale, Fritillaire , *Fritillaria Imperialis :* pl. moy. vivace ; à fleur fimple , à fleur double ; rouge à double couronne ; rouge à feuille panachée ; fl. jaunes , rouges , printems. Cayeux de juillet en mars ; tout terrein.

Couronne Royale , *Fritillaria Regia.*

CROIX de Jérufalem , *Lychnis Chalcedonica :* gr. pl. vivace ; bouquet de fleurs en paraffol blanches , pourpres.

Croix doubles pourpre.

Semences en mars & feptembre ; racines

éclatées ; fur-tout de la double , au printems & en automne ; bon terrein frais ;
mouiller ; peu de foleil.

CUPIDONNE, *Catananche Cœrulea* : pl. moy.
ann. ou bifannuelle ; fleur bleue. Semences
au printems fur couche , ou en terre préparée.

CYCLAMEN , Pain - de - pourceau , *Cyclamen
Europeum* : pl. baffe ; printannier à fleur
blanches, blanches bordées de rouge , &c.
foleil.

Cyclamen Automnal blanc , incarnat.

Cyclamen de Conftantinople, *Cyclamen Orientale* : plufieurs variétés ; peu de foleil.

Oignons coupés verticalement par morceaux qui aient un œil , plantés en terre féche
& légère ; femences auffi-tôt la récolte ,
moyen très-long.

DIGITALE , *Digitalis purpurea* : fleur rouge-
pourpre.

Digitale Ferrugineufe , *Digitalis ferruginea.*
Grande pl. bifannuelle. Plant , automne
& printems ; femences, feptembre & mars ;
terre légère , ombre.

DODECATHEON, *Meadia Dodecatheon* : pet. pl.
viv. très-jolie ; fl. purpurine. Œilletons , automne & printems , lents à fe multiplier ; en
pleine terre , ou en pot & ferrer en hiver.

EPHEMERE de Virginie bleue , & blanche ,
Tradefcantia Virginiana : pl. moy. viv. touf-

fue ; fleurs en été. Pieds féparés en automne jufqu'au printems.

Epinard-fraise, *Blitúm capitatum* : pet. pl. ann. fingulière par fon fruit. Semences au printems ; tout terrein.

Eupatoire de Mefue, *Achillea ageratum* : pl. moy. viv. fl. jaunes, été. Semences au printems, pour fleurir la deuxième année ; mieux plant depuis l'automne jufqu'au printems ; tout terrein.

Filipendule double, *Spiraa Filipendula multiplex* : pet. pl. vivace ; fl. blanche, été. Pieds féparés en fept. oct. fév. mars ; tout terrein.

Fraxinelle, *Dictamnus albus* : pl. moyenne viv. ; fleur violette, blanche, odorante. Racines éclatées ; femences, moyen trop-long, étant 18 mois à lever, fi elles ne font femées auffi-tôt la récolte, & ne donnant de fl. que la cinquiéme ou fixiéme année ; tout terrein.

Fritillaire ou Damier, *Fritillaria Meleagris* : petite pl. vivace ; beaucoup de variétés, printems. Cayeux, fin d'été & automne.

Galega, Rue de Chevre, *Galega officinalis* : gr. pl. vivace ; fl. bleue, blanche : femences au printems pour l'année fuivante ; pieds féparés, printems & automne.

Gentiane (petite), *Gentiana acaulis* : pet. pl. viv. propre pour bordures ; fleur bleue. Drageons de feptembre en avril ; femences recentes en terrein à l'ombre, mouillées fouvent.

Gentiane (grande) *Gentiana lutea* : pl. viv.
racines en mars , à l'ombre.

GERANIUM à feuilles d'Aconit, *Geranium Ba-
trachoïdes*. J. pl. moy. vivace ; fl. bleue. Pieds
éclatés en automne & printems.

GESSE vivace , ou Pois vivace à bouquet, *Latyrus latifolius* ; planté farmenteufe de 4 ou 5
pieds ; beau bouquet rofe , été. Semences ,
printems & été pour l'année fuivante ; pieds
tranfplantés, automne & printems ; tout terrein.

GEUM , *Saxifraga umbrofa* : pet. pl. viv. propre aux bordures ; pet. fleur fingulière. Œilletons de feptembre en mars ; tout terrein.

GLAYEUL , *Gladiolus communis* : pl. moy. viv.
plufieurs variétés. Cayeux féparés depuis août
jufqu'en mars ; tout terrein.

GIROFLÉE , *Cheiranthus incanus* : plante moy.
bifann. ou trifannuelle ; fleurs fimples , fl.
doubles ; blanches , rouges , violettes , panachées.

Giroflée Royale, fleur blanche, rofe ; printems,
été , automne.

Semez en mars ; repiquez en planches ;
mouillez au befoin ; vers la fin de feptembre
ouvrez les boutons de fleurs qui paroiffent ;
marquez les doubles ; levez-les en motte ;
placez dans des pots , & garniffez de bonne
terre ; mouillez largement , & mettez à
l'ombre jufqu'à ce qu'elles foient bien re-

prifes ; en novembre portez dans l'Orangerie ;
n'arrofez que dans le befoin, & fans mouiller
les feuilles ; mettez à l'air quand il eft doux ;
en mars tirez de l'Orangerie ; en avril plantez
en pleine terre : mouillez dans les féchereffes ; retranchez les branches défleuries. Au
lieu de mettre dans l'Orangerie , on peut
enterrer les pots , ou même planter les pieds
dans une plattebande d'efpalier au Midi ou
au Levant ; avec des paillaffons ou un auvent
les préferver des pluies & de l'humidité
qu'elles craignent plus que le froid.

GIROFLÉE QUARANTAINE , *Cheiranthus annuus* : pl. ann. moindre que la précédente ;
fl. fimples , doubles blanches , rouges , violettes , panachées , &c. été , automne.

Giroflée Grecque , *Cheiranthus Græcus.* J. fimple , double , violette , rouge , blanche.

Giroflée à feuille de bluet , *Cheiranthus annuus anguftifolius.* J. toutes les variétés.

Giroflée Royale.

Semences au printems fur couches , ou en
pleine terre ; mettre en place , ou en planches
jufqu'à ce que le plant marque les doubles ;
mouiller. Semer la Royale dès août ou feptembre , & tâcher de la conferver pendant
l'hiver.

GIROFLÉE Quarantaine de Mahon , Gazon de
Mahon, *Cheiranthus maritimus* : pet. pl. ann.
pour bordures & maffifs bas ; fl. fimple d'un
violet

violet rougeâtre, dure long-tems ; quelques fleurs doubles. Plant, ou femences prefque toute l'année.

Giroflée jaune, *Cheiranthus cheiri :* pl. moy. fl. odorantes, printems, fimples , doubles. Semences en mars & feptembre ; marcottes en mai & juin, févrées à deux mois; boutures en mai , à l'ombre, mouiller ; tout terrein.

GRENESIENNE , *Amarillys Sarnienfis :* plante moyenne; fleur rouge, brillante, admirable, mais rare dans notre climat. Cayeux plantés au printems & en automne.

HELLÉBORE noir, Rofe de Noël , *Helleborus ni-ger :* fl. rofe pâle , hiver. Œilletons en toutes faifons.

Hellebore Printanier , *Helleborus hyemalis ;* fleur jaune , premier printems : Racines , été & automne.

Petites plantes vivaces ; tout terrein.

HEPATIQUE , *Anemone Hepatica :* pet. pl. baffe viv. fleur fimple blanche ; double bleue, rouge ; printems. Touffes féparées avec racines ; ombre ; terrein léger.

HERBE aux trachées , *Trachelium cœruleum :* pl. moy. bifann. fleur bleue. Semences très-fines, août ou feptembre.

HYERACIUM d'Hongrie, *Hyeracium Aurantia-cum :* pet. pl. viv. fl. jaune-aurore. Œilletons, automne & printems : femences au printems.

JACÉE des jardins , *Lychnis vifcofa :* pl. moy.

E

viv. fl. rouge éclatant. Pieds éclatés en fept. oct. févr. bon terrein de potager.

Jacynthe, *Hyacinthus Orientalis* : petite pl. vivace.

Jacynthe commune, à fleurs fimples blanches, bleues, &c.

Jacynthe Paffe-tout, fl. fimples de toutes couleurs.

Jacynthe Civilis Lyonnaifes & de Hollande, fl. doubles de toutes couleurs.

Jacynthes doubles de Hollande diflinguées par nom, de différentes nuances, bleues, blanches, rouges, violettes, pourprées, jaunes, couleur de chair, &c.

Cayeux qui quelquefois dégénerent ; femences. En août, feptembre ou mars labourer de bonne terre légère, fablonneufe, qui convient mieux à la Jacynthe que les terres compofées ; y femer la graine en rayons, ou à la volée affez clair, & la bien recouvrir au rateau ; avant l'hiver fuivant jetter fur le jeune Semis deux pouces de bonne terre meuble ; l'année fuivante avant l'hyver, jetter encore autant de pareille terre ; la 3e année les oignons marquent & font formés. Les oignons de Jacynthe, tant jeunes que vieux, fe déplantent en juillet. Ceux des fimples fe remettent en terre dès août & feptembre : ceux des doubles en octobre & novembre, à fix ou fept pouces de profondeur, & à cinq ou fix de diftance : fi le printems eft fec, donner quelques mouillures ; ne point couper les fannes après la fleur paffée ; garder les oignons en lieu fec & à l'ombre. La Jacynthe craint la grande chaleur, le grand froid, l'humidité pourriffante, les terres glaifeufes & compactes, les fumiers & les engrais chauds. On peut corriger les terreins, ou en compofer un avec du tan & du terreau gras, éteints, confommés pendant deux ou trois ans, avec du fable doux ; on peut en trouver de fort bon dans les bois, & fous les bruyeres.

JACYNTHE du Pérou, à fleur bleue, à fleur blanche, *Scilla Peruviana* : plante prefque moyenne, vivace ; fleurs au printems bleues, blanches, en pyramide. Semences au printems, en août ou feptembre en terrines qu'on met en ferre l'hiver. Oignons enterrés affez profondément ; couvrir de litiere dans les neiges & fortes gélées ; les relever la troifiéme année à la fin de l'été, en automne & une partie de l'hiver.

JACYNTHE de mai, *Scilla amœna* : pet. pl. viv. fleur blanche très-odorante. Oignons, fin d'été & automne.

JASMIN d'Amérique, *Ipomæa coccinea* : plante grimpante annuelle ; fleurs ponceau en entonnoir, été, automne. Semences au printems ; foleil.

IMMORTELLE, *Xeranthemum annuum* : pl. moy.

ann. fl. blanche, violette, gris-de-lin, été, automne. Semences au printems, mieux fur couches.

Immortelle d'Amérique, *Gnaphalium Margaritaceum* : pl. moy. viv. fl. blanche. Drageons, printems & automne ; tout terrein.

JONQUILLE, *Narciffus Jonquilla* : pet. pl. viv. fleur jaune double groffe, petite, fimple, odorante : printems. Cayeux, rarement femences ; s'éleve & fe cultive comme la Jacynthe ; demande moins de foins ; fe plante mieux fur le côté, à quatre ou cinq pouces de profondeur, en bonne terre franche fans fumier ni terreau ; fe leve tous les deux ou trois ans.

IRIS bulbeux, *Iris Xiphium* : plus de 50 variétés, tant de France que d'Angleterre, dont on peut fournir la collection depuis juillet jufqu'en octobre. Semences, fin d'été, automne ou printems ; mieux de Cayeux en août & automne.

Iris bulbeux, fleur tigrée, *Iris Xiphium variegatum.* J.

Iris de Perfe, *Iris Perfica* ; fleurit de bonne heure ; fe rechauffe & réuffit très-bién dans les ferres chaudes.

Iris de Suze, ou la Cordelliere, *Iris Sufiana* : moy. plante ; couvrir l'hiver, ou planter en grand pot, & placer dans l'orangerie en hiver.

Iris de Florence, *Iris Florentina.*

Iris ordinaire, *Iris Germanica*, plusieurs variétés.
Iris à odeur de Sureau , *Iris Jambucina.*
Iris (petit) *Iris pumila* , trace beaucoup.
Iris Gigot , *Iris fœtidiſſima.*
Iris Gigot à feuilles panachées , *Iris fœtidiſſima variegata.*

La plûpart ont des variétés diſtinguées par les formes, grandeurs, couleurs, odeur, ſaiſon des fl. Ceux à racines ſe multiplient d'éclats au printems ou en automne ; toute terre , mieux légère & fraîche.

Julienne , *Heſperis matronalis* : pl. moy. viv. fl. ſimples odorantes blanches , rouges, violettes : mai & juin. Pieds éclatés avec racines, mars ou automne ; Boutures faites des tiges defleuries , à l'ombre , arroſées ; bonne terre ſubſtancieuſe.

Julienne jaune, Herbe de ſainte Barbe à fleur double, Siſymbrium , *Eryſimum Barbarea multiplex :* pl. moy. fleur de printems. Boutures & éclats, automne & mars , terrein de parterre ; mouiller.

Larme de Job , **Coix** *Lachryma Jobi ;* pet. pl. ann. dans notre climat. Semences de bonne heure au printems , afin que ſes grains puiſſent mûrir avant les gelées.

Lavatere trimeſtre , *Lavatera trimeſtris :* pl. moy. ann. fleur blanche , roſe. Semences au printems ſur couches , & en place ; bon terrein ; mouiller.

Lilas de terre, *Hyacinthus monstrofus* : pet. pl. vivace ; fleur bleue fingulière, printems. Cayeux, août & automne ; terrein élevé.

Liseron (grand) *Convolvulus purpureus* : pl. grimp. ann. fleurs en entonnoir blanches, rouges, violettes ; été, automne. Semences en mars ou avril.

Liferon de Portugal, Belle-de-jour, *Convolvulus tricolor.* Semences en place.

Lotier cultivé, *Lotus tetragonolobus* : pet. pl. ann. fleur purpurine, été. Semences au printems, mieux fur couche.

Lunaire (grande) ou Bulbonac, *Lunaria annua* ; pl. moy. ann. fl. violet-clair, graines fingulières. Semences au printems.

Lupin blanc, *Lupinus albus.*

Lupin bleu, *Lupinus hirfutus.*

Lupin jaune odorant, *Lupinus luteus.*

Lupin rofe, *Lupinus varius* ; pl. moy. ann. Semences en mai.

Lys blanc, *Lilium candidum* : gr. plante viv. fleur fimple.

Lys blanc à feuilles panachées, *Lilium candidum folio variegato.*

Lys blanc à fleur double, *Lilium candidum multiplex.*

Lys flagellé.

Cayeux ou oignons bulbeux depuis juillet jufqu'en mars ; bon terrein.

Lys-Asphodèle jaune, *Hemerocallis flava.*

Lys-Asphodèle rouge, *Hemerocallis fulva*.
    Plante moyènne viv. fleur odorante, été.
Pieds éclatés, automne & hiver.
Lys Bulbifere, *Lilium bulbiferum* : plus coloré
    de rouge que le Lys-orangé. Cayeux depuis
    juillet ou mars, mieux que bulbes ou grai-
    nes qui font très long-tems à fe former.
Lys-Orangé, *Lilium croceum* : il porte graine.
Lys-Orangé à feuilles panachées, très-rare.
Lys Hemerocale, *Lilium Calcedonicum*.
Lys Martagon, *Lilium Martagon* : plufieurs
    variétés.
Lys de Canada, *Lilium fuperbum*.
Lys de Pomponne, *Lilium Pomponium*.
    Toutes ces efpeces fe multiplient d'é-
    cailles ou cayeux l'automne & l'hiver, lorf-
    que le tems le permet; craignent les fortes
    gelées.
Lys des Incas, *Alftroœmeria Pelegrina* : petite
    pl. vivace; fleur blanche tigrée. Semences au
    printems; pattes, fin d'été & d'automne,
    mieux en pot; bien expofée, & abritée l'hi-
    ver; craint beaucoup l'humidité.
Lys de Saint-Bruno, *Anthericum Liliaftrum* :
    pl. moy. viv. fleur blanche odorante le long
    de la tige, printems. Racines féparées, été,
    automne, hiver; craint les grands froids.
Lys de Saint-Jacques, Croix de Calatrava, *Ama-*
    ryllis formofiſſima : pet. pl. viv. fl. d'un beau
    cramoifi vif, printems. Cayeux; en pot pour

le ferrer pendant l'hiver, ou le mettre à l'abri de la gelée & de l'humidité qu'il craint plus que le froid. Cet oignon peut paffer l'hiver hors de terre fur une planche en lieu fec. Si après la fleur on le prive d'eau jufqu'à ce qu'il foit fec, & qu'enfuite on le ranime dans une couche par des arrofemens modérés, il pourra fleurir une feconde fois.

LYS-NARCISSE, Lys de Mathiole, *Pancratium maritimum* : pl. moy. viv. fleur blanche en bouquet, été. Semences dès-qu'elles font mûres, cayeux en automne ; très-long à élever ; couvrir en hiver.

MARGUERITE, *Bellis perennis hortenfis* : petite pl. baffe viv. fl. blanches, rouge-pâle, rouge-foncé, panachées. Pieds féparés le printems ou l'automne ; terrein un peu frais.

MATRICAIRE double, *Matricaria parthenium multiplex* ; pl. moy. vivace fort touffue ; fleurs blanches odorantes. Semences en mars ou après récolte ; pieds féparés. Après les premières fleurs couper toutes les tiges, arrofer, elle fleurit une feconde fois.

MAUVE des jardins, *Malva orientalis* ; gr. pl. ann. grandes fleurs purpurines nombreufes. Semences en mars & avril.

Mauve frifée, *Malva crifpa* ; gr. pl. annuelle, fingulière par fon feuillage. Semences au printems fur couche ; bon terrein ; mouiller ; propre pour jardins Anglois.

(73)

Mille-feuille à fleur rouge, *Achillea Millefo-
lium* ; pl. moy. viv. Pieds féparés , printems
& automne.

Miosotis , *Cerastium incanum* ; pet. pl. vivace
nouvelle dans les jardins fous le nom d'Ar-
gentine , parce qu'elle est toute blanchâtre ;
fl. nombreufes d'un beau blanc , durent long-
tems, printems. Plant, de fept. en mars, efpacé, en bordures, tapis, corbeilles; terrein fec.

Monarda beau rouge , *Monarda didyma.*

Monarda gris-de-lin , *Monarda fistulofa* : plante
moy. viv. fleurs en été. Traces , automne &
printems ; en pot , ou en pleine terre douce ,
graffe , à l'ombre ; tranfplanter de tems en
tems.

Mufle de Veau ou de Lion , *Antirrhinum majus* ; pl. moy. bifann. Semences , automne ou
printems ; planter en avril ; bon terrein.

Muguet , Lys des vallées , *Lilium convallium.*

Muguet à fleur double , *Lilium convallium multiplex* ; pet. pl. vivace , fleurs très-odorantes
en mars. Pieds féparés , automne & hiver ;
ombre.

Muscari odorant , *Hyacinthus Mufcari* ; très-
pet. pl. viv. fleur fans éclat , mais très-odorante , printems. Oignon ou cayeux en automne ; bofquets.

Muscipula , Atrape-mouche , *Silene Armeria* ;
pl. ann. petits bouquets de fleurs rouges, blanches , odorantes. Semences en mars ou feptembre ; bon terrein.

Narcisse à bouquet, *Narcissus poëticus* ; pet. pl. viv. à fl. simple, à fl. double.

Narcisse de Constantinople, *Narcissus tazetta* ; fleur blanche mêlée de jaune odorante. Ceux-ci & plusieurs autres à fleur simple ; fleur de printems. Cayeux en octobre à 3 ou 4 pouces de profondeur.

Nigelle de Damas, Cheveux de Vénus, *Nigella Damasœna* ; pl. moy. ann. fl. bleue de diverses nuances. Semences en place en août, septembre, mars, avril.

Obeliscaire (grande, petite) *Rudbekia hirta* ; pl. moy. bisann. fl. fin d'été & automne ; difficile à élever ; semer aussi-tôt la maturité en terre légère, peu couvrir ; en pots, & serrer l'hiver.

Œillet, *Dianthus Caryophyllus* ; à fl. simple, double ; blanche, rouge, violette, incarnate, rose, jaune, piquetée, tricolor, &c. nuances & mélanges sans nombre de toutes ces couleurs. En mars, avril, & mieux en mai semer en bonne terre meuble ; en juillet ou août, avant ou après une pluie repiquer le jeune plant ; pendant l'hiver le préserver des fortes gelées ; l'été suivant il marquera ; choisir les pieds qui méritent d'être conservés & multipliés par la marcotte. En juillet ou août marcotter les tiges fortes & bien formées (on peut faire des boutures des autres) ; en octobre sévrer les marcottes, & les mettre en

place ou en pépiniere jufqu'en mars ; on peut
différer de les févrer jufqu'en mars ; en octobre mettre en pots les marcottes de variétés
précieufes dans une terre convenable ; les laiffer à l'ombre pendant une quinzaine fur des
gradins élevés , & non fur terre ; les préferver
des pluies de la fin d'octobre ; dans le commencement de décembre les placer dans la
ferre ; les y défendre de l'humidité, en les mettant à l'air & au foleil ; vers la fin de mars les
tirer de la ferre ; les ranger en lieu que le foleil ne frappe pas tout le jour ; les mouiller
au befoin.

Œillet de la Chine , *Dianthus Sinenfis :* pet.
pl. trifann. fl. fimples , femidoubles , doubles ,
très-grand nombre de variétés , été.

Œillet de la Chine à feuille d'Œillet de Poëte ,
nouv. variété. Sem. en mars ou avril , mieux
fur couche ; bonne terre légère ; mouiller.

Œillet de Poëte , *Dianthus barbatus :* à fleur
fimple , double.

Œillet d'Efpagne , *Dianthus Hifpanicus multiplex :* fleur double , fimple.

Œillet Mignardife ; *Dianthus verficolor :* fleurs
fimples , doubles , odorantes ; plufieurs variétés. L'Œillet d'Efpagne ne fe multiplie que
de pieds éclatés , & de boutures comme la
Julienne double ; les autres de pieds éclatés ,
& de femences en mars ; bon terrein.

Œillet d'Inde , *Tagetes patula :* pl. moy. ann.

fl. jaune veloutée , automne. Semences en mars ; tranſplantés à la fin d'avril.

OMPHALODÈS, *Cynogloſſum Omphalodes* : pet. plante viv. petite fleur d'un bleu éclatant, printems. Drageons, fin d'automne & d'hiver ; un peu d'ombre.

Omphalodès , Nombril de Vénus de Portugal, *Cynogloſſum linifolium.*

OREILLE d'Ours , Auricule, *Primula auricula* : petite plante viv. fleurs printems & automne, jaunes, cramoiſies, panachées, luſtrées, brillantes, ſatinées, veloutées, bizares, &c. à ſimple , double, triple cloche, en bouquet , &c. très-grand nombre de variétés, nuances & mêlanges de couleurs. Œilletons coupés ou éclatés avec racines au printems ou en automne. Labourer & dreſſer un terrein frais, léger, ſubſtancieux ; y ſemer la graine ſans la couvrir, mais battre un peu la terre pour l'y attacher : jetter deſſus de la mouſſe, de la paille ou un paillaſſon ; arroſer au travers ; trois ſemaines après , retirer la paille ; ſi la graine ne commence pas à lever, elle ſe fera attendre long-tems. Le plant étant aſſez fort, le mettre en pots ou en pleine terre ; fraîcheur , peu de ſoleil.

ORNITHOGALON, Epi de la Vierge, Epi de lait, *Ornithogalon album.* J. Plante vivace, fleurs blanches en ombelle, bleues mêlées de blanc. Cayeux ; ſemences ; culture de la

Jacinthe : transplanter les oignons tous les trois ans à la fin de l'été, l'automne & l'hiver.

OSIER fleuri, Laurier de Saint-Antoine, *Epilobium Antonianum* : pl. viv. assez élevée; fleur rose le long de la tige. Racines; terrein léger, humide & ombragé.

Osier fleuri des Alpes, *Epilobium angustifolium*

PALME de Christ, Ricin, *Ricinus communis* : très-grande plante ann. fleurs & graines singulières. Semences sur couches; planter à bonne exposition.

PANICOT Amétiste, *Eryngium Ametistinum* : plante moy. viv. rustique, toute d'un bleu d'Amétiste. Semences en automne pour fleurir la deuxiéme ou troisiéme année; transplanter d'octobre en mars.

Panicot de mer, *Eryngium maritimum* : pl. viv. rustique.

PAQUERETTE (grande), *Chrysanthemum coronarium* : plante moy. bisann. fleurs blanches, jaune-doré; automne. Semences au printems.

PASSE-ROSE, Rose-tremière, *Alcea rosea* : grande plante viv. fleurs de toutes couleurs, Semences au printems, fl. la second année.

Passe-Rose de la Chine, *Alcea Sinensis. J.* Plante viv. moindre dans toutes ses parties : jolies fleurs rose bordées de blanc. Semences au printems; fleurit dès août; mouiller.

PAVOT, *Papaver somniferum* : grande plante ann. fleurs de diverses couleurs, simples, doubles.

Pavot de Hollande, ou Pavot Feu-foyer, joli Pavot panaché.

Pavot Coquelicot : *Papaver rhæas* : pl. moy. ann. fleurs de diverses couleurs, simples, doubles. Semences en place au printems & à la fin de l'été.

Pavot de Tournefort, ou Pavot du Levant, *Papaver Orientale* : plante moy. viv fleur rouge. Semer au printems & en été pour l'année suivante; mieux séparer les pieds d'octobre en mars.

Pavot du Mexique, Pavot épineux, *Argemone Mexicana* : plante moy. ann. tige herbacée hérissée de petites épines; fleur blanche, jaune; été & automne. Semences au printems sur couches.

PÉONE, Pivoine mâle, *Pæonia officinalis mas.*
Péone femelle, *Pæonia fœmina.*
Pivoine de Portugal, *Pæonia Lusitanica.*
Pivoine velue, *Pæonia villosa.*
Pivoine à feuilles très-découpées, *Pæonia tenuifolia.*

Grande plante viv. fleurs blanches, rouges, doubles, simples; fin du printems. Semences; mieux racines éclatées en mars ou octobre.

PERCE-NEIGE, *Galanthus nivalis* : petite pl.
baſſe viv. fleurs blanches, bordées de vert,
ſimples, doubles, en février & mars.

Perce-Neige (grande) double & ſimple, *Leu-coïum vernum* : fleurs blanches au printems.
Oignons en été & automne.

Perce-Neige d'été à bouquet de huit,ou neuf
fleurs blanches en avril, *Leucoïum æſtivum.*
Oignons, automne & printems. Terrein
frais, ombre.

PERSICAIRE du Levant, *Polygonum Orientale* :
très-grande pl. ann. fleur en épi blanche,
rouge; été, automne. Semences ſur couches de bonne heure au printems, moins
bien en ſeptembre & octobre; bon terrein;
arroſer.

PERVENCHE-ROSE, Pervenche de Madagaſ-
car, *Vinca Roſea* : petite plante de ſerre
chaude qui peut ſe cultiver dans les jardins
comme plante ann. la ſemer ſous chaſſis ſur
les premieres couches; l'y élever; arroſer;
fleurit à la fin de l'été.

Pervenche bleue, blanche, violette, ſimple
& double; *Vinca minor.*

Pervenche panachée, *Vinca minor variegata.*

Pervenche (grande), *Vinca major.*
    Pieds ſéparés, placer à l'ombre.

PHLOX printannier (petit) à fleur violette,
Phlox piloſa.

Phlox (moyen) à feuille étroite : *Phlox gla-berrima :* fleur fin du printems.

Phlox (grand) tige pointillée, *Phlox maculata*.

Phlox de la Caroline, encore plus grand, *Phlox Caroliniana* : grandes panicules de fleurs d'un beau rouge au haut de la tige ; ainſi que le précédent fleurit en été.

Phlox blanc, *Phlox alba*, rare ; fleurit commencement d'été.

Ces belles plantes vivaces ſe multiplient de boutures & de pieds ſéparés au printems & en automne.

Pié-d'allouette, Delphinette, *Delphinium Ajacis* : plante moy. ann. fleurs doubles, pluſieurs variétés. Semences en place au printems, ou à la fin de l'été.

Pié-d'allouette vivace, *Delphinium elatum* : gr. pl. viv. fl. d'un bleu azur, en été. Semences, printems & automne pour fleurir la ſeconde année ; pieds éclatés en octobre, fév. mars.

Pié-d'allouette, *Delphinium azureum* : encore plus grand. Ces deux propres pour les grands parterres & les jardins Anglois.

Pois d'odeur, Geſſe odorante, *Latyrus odoratus* : pl. moy. ann. grimpante ; fleurs de pois violettes, roſe, odeur de fleur d'Orange. Semences au printems.

Primeverre, *Primula veris* : plante baſſe viv. fleurs, printems & automne. à ſimple, double, triple cloche ; grand nombre de variétés, nuances & mêlanges de couleurs.

Primeverre

Primeverre à bouquet, *Primula veris elatior.*
Pieds féparés; femences en mars ou feptembre; ombre; terrein frais.
Primeverre à fleur double, blanche, jaune,
violette. Pieds éclatés.

Ptarmica, petit bouton d'argent; *Achillæa Ptarmica*; pet. pl. viv. jolies fleurs blanches,
été, automne. Traces ou pieds féparés.

Raisin d'Amérique, *Phytolacca decandra*; très-
gr. pl. viv. tige très-forte; beau fruit en grappes rouges. Semences au printems : éclats de
racines de l'automne jufqu'au printems; pour
les grands parterres.

Reine Marguerite, *After Sinenfis* : plante moy.
ann. fleur en automne fimples, doubles,
blanches, violettes, gris-de-lin, rouges,
couleur de chair, les mêmes panachées.

Reine Marguerite petite à pompoms.

Reine Marguerite à dentelle.

Reine Marguerite Anemone, &c.
Semez en mars & avril; plantez en juin
& juillet; mouillez.

Reine des Prés à fleur double, *Spiræa ulmaria multiplex*; pl. moy. viv. fleur blanche, été.
pieds éclatés au printems & en automne;
arrofer.

Renoncule, *Ranunculus Afiaticus*; pl. baffe
viv. fleurs fimples (on en cultive peu);
doubles, doubles franches, femidoubles
porte-graines; très - grand nombre de va-

riétés de couleurs, de nuances, & de mélanges de couleurs. Cayeux, ou griffes séparées. Recueillir la graine des Semidoubles dont les pétales font le plus nombreux, d'une forme régulière, d'une belle grandeur, de couleurs éclatantes, satinées, veloutées, ou bizarres; la conserver enveloppée en lieu sec, sans l'égrainer; depuis la mi-août jusqu'à la fin de septembre labourer & unir un bon terrein léger au levant ou au couchant; y semer la graine à claire voie; tamiser dessus de bonne terre, ou du terreau fin, seulement pour cacher la graine; étendre des paillassons ou de la paille soutenue sur des gaulettes placées horizontalement à deux ou trois pouces de la superficie du terrein; donner au travers un ample arrosement; en donner souvent de petits pour entretenir l'humidité; de trois à six semaines après la graine sera levée; retirer les paillassons, & les placer (ou une toile) verticalement, pour défendre le jeune plant du soleil; sarcler, arroser, préserver des grands froids. Après le printems suivant déplanter les jeunes griffes, lorsque les feuilles commenceront à sécher; les conserver en lieu sec.

Plantez les griffes formées, tant jeunes que vieilles, à quatre pouces de distance & à deux doigts de profondeur, en août celles qu'on veut faire fleurir pendant l'hiver ; Pivoine, Chaffi-coifé, Aurore, Mofcovite, &c. en octobre & novembre les autres ; abriter dans les grands froids ; mouiller modérément au printems ; couvrir les fleurs avec une toile pendant le grand foleil ; dès que la fleur eft paffée, couper les tiges, excepté celles qu'on réferve pour graines ; quand les feuilles fe féchent, relever les griffes ; les bien nettoyer ; laiffer fécher à l'air à l'ombre ; envelopper & ferrer en lieu fec. Il eft bon de laiffer répofer les griffes pendant un an ; & de ne planter les mêmes que de deux années l'une. Une terre compacte, humide, glaifeufe, trop graffe, le fumier neuf, contraires à la Renoncule.

Nota. Ne plantez point les griffes au plantoir ; mais faites des rayons de profondeur convenable ; faififfez la griffe & l'embraffez avec l'extrémité des cinq doigts ; placez-là en terre, en appuyant affez fortement pour que le deffous de la griffe foit bien rempli & garni de terre ; enfuite rempliffez les rayons. Cette obfervation n'eft pas moins importante pour les pattes, les oignons, les bulbes, les tubercules de toutes les fleurs & plantes.

RESEDA, *Refeda odorata :* pl. baffe annuelle en pleine terre ; fleurs odorantes ; p. intems, été, automne. Semences, printems & été.

Ruban (grand) Roseau panaché, *Arundo Donax variegata. J.* Gr. pl. rare ; beau feuillage satiné. Boutures, pieds séparés au printems.

Ruban (petit) Gramen panaché, *Phalaris arundinacea picta* ; pl. moy. vivace ; jolie feuille rayée de vert & de blanc. Pieds séparés, automne & printems.

Safran printannier, *Crocus sativus vernus* ; pet. pl. vivace ; fleur blanche, jaune, bleue, mêlée, pourpre, &c. février & mars. Cayeux plantés à deux pouces de profondeur en automne & au printems ; bon terrein ; soleil ; déplanter tous les trois ans en mai.

Safran vrai du Gatinois, *Crocus sativus autumnalis* ; fleurs violet-pâle odorantes ; se plante au commencement d'août à quatre pouces de profondeur.

Sain-foin d'Espagne, *Hedysarum coronarium* ; pl. moy. bisannuelle en ce pays, tiges nombreuses ; fleur d'un beau rouge. Semences au printems pour fleurir l'année suivante ; craint les grands froids ; terrein élevé.

Saponaire double, *Saponaria officinalis multiplex* ; pl. moy. traçante vivace, fleur couleur de chair. Pieds séparés, automne & printems.

Saxifrage blanche double, *Saxifraga granulata* ; pet. pl. vivace propre pour bordures & massifs ; fleur au printems. Bulbes, été & automne.

Saxifrage de la Chine, *Saxifraga stolonifera.*
J. pet. pl. viv. rampante, singulière ; fleurs
au printems. Traces, automne & printems.
Saxifrage de Sibérie, *Saxifraga crassifolia* ;
belle pl. moy. viv. fleur rouge au commencement du printems. Œilletons en automne.
SCABIEUSE des jardins, Fleur des Veuves,
Scabiosa atropurpurea ; pl. moy. ann. fleurs
violet-cramoisi, &c. été, automne. Semences
en mars & avril ; soleil.
SCEAU de Salomon, *Convallaria poligonatum
odorum.* J. pl. vivace traçante ; fleur double blanche odorante, au printems. Racines
en automne ; ombre ; terrein léger, humide.
SEDUM pyramidal, *Saxifraga pyramidalis* ; pl.
trisann. fleurs disposées en lustre. Œilletons,
fin d'été, printems, automne ; ne fleurit
pas constamment par-tout.
SENEÇON rouge ou d'Afrique, *Senecio elegans* ;
fleur moy. ann. fleurs simples, doubles,
d'un beau rouge, été, automne. Semences
au printems, mieux sur couches.
SOUCI double, *Calendula officinalis* ; pl. basse
ann. fleurs jaunes doubles, été, automne.
Semences au printems.
STATICÉ, *Statice armeria* ; ou Gazon d'Olym-
pe : pet. pl. basse vivace ; fleurs de plusieurs
nuances, printems, été. Touffes éclatées.
TARASPIC, *Iberis umbellata* ; pl. moy. ann.
fleurs blanches, gris-de-lin, été, automne.

Taraspic petit, *Iberis amara*; fleurs violettes, & blanches. Semences, août, septembre & printems.

TOUTE-BONNE des Jardins, *Salvia Sclarea*; gr. pl. bisann. pour les grands parterres; fleur bleue, printems, été. Semences au printems.

TREFLE rouge du Rousfillon, *Trifolium incarnatum*. Plante ann. sa fleur en épi d'un très-beau rouge, peut lui faire trouver place dans les parterres, & mieux dans les Jardins Anglois. Il donne de très-bon foin, forme de beaux tapis; aime les terreins élevés, bien préparés & ameublis.

TUBEREUSE, *Polyanthes Tuberosa*: plante viv. fleurs simples, doubles blanches, très-odorantes, été, automne. Oignons en pot ou en caisse dans une couche de chaleur tempérée; fleurissent rarement deux fois dans ce climat.

TULIPE, *Tulipa Gesneriana*: plante moy. viv. fleurs simples, doubles, printems; variétés très-nombreuses, tant des communes, que des belles dénommées. Semences, mieux cayeux; même culture que la Jacinthe.

Tulipe odorante dite *Duc de Thol*; plantée sur couches en automne, ou dans un appartement chaud; fleurit en janvier, février, mars.

VALERIANE Grecque, *Polemonium cœruleum*:

plante moy. viv. fleurs bleu-clair, printems. Semences en mars; pieds éclatés, automne, hiver, printems.

VERGE D'OR toujours verte, *Solidago semper-virens.*

Verge d'or de Canada, *Solidago Canadensis.*

Verge d'or (grande), *Solidago altissima.*

Verge d'or du Mexique, *Solidago Mexicana.*

Verge d'or de Mariland, *Solidago Marilandica. J.*

Grandes pl. viv. touffues pour les grands parterres & jardins Anglois. Drageons ou éclats, automne & printems.

VÉRONIQUE des Jardiniers, *Lychnis Floscu-culi;* plante moy. viv. fleur d'un beau rouge au printems. Boutures, pieds éclatés, automne & printems.

Véronique à fleur bleue en épi, plusieurs variétés; plante moy. viv. Semences & drageons, automne & printems.

VERVEINE de Miclon, *Verbena longiflora. J.* Plante moy. fleur rouge presque toute l'année. Quoique d'Orangerie, elle peut se cultiver dans les jardins; élevée de graine ou de boutures au printems. Elle fleurit la même année; elle se transplante en automne & au printems.

ZINNIA rouge, *Zinnia multiflora.*

Zinnia jaune, *Zinnia pauciflora.*

Zinnia Hybride, *Zinnia Hybrida.*

Plantes moy. ann. fleur fin d'été & automne. Semences au printems fur couches, ou en terre préparée.

III.

Arbres Fruitiers.

ABRICOTIER, *Prunus Armeniaca.*

Précoce ou hâtif musqué ; petit, un peu coloré, abondant en eau un peu parfumée de musc ; commencement de juillet.

Blanc ou Pêche ; petit, très-peu coloré, fin, délicat, peu relevé ; commencement de juillet.

Commun ; gros, fort coloré, un peu pâteux, peu relevé ; mi-juillet.

Angoumois ; petit, alongé, rouge-foncé, vineux, relevé ; amande douce, mi-juillet.

De Hollande, Amande-Aveline, moyen, très-coloré, fin, fondant, relevé, amande douce d'un goût d'amande & d'aveline ; fin de juillet.

De Provence ; fruits nombreux, petits, rouge-vif, vineux, fins ; amande douce, fin de juillet.

De Portugal ; fruit petit, de couleurs légères,

fin ; fondant, relevé, excellent ; amande amère ; mi-août ; très-fertile.

Alberge, *Prunus Armeniaca dulcis*. J. Petit, applati, peu coloré, vineux, très-relevé ; chair rouge ; amande amère ; abondant en plein vent.

De Nanci, Abricot-Pêche, très-gros, très-peu coloré, fondant, plein d'eau agréable ; chair rouge, mi-août.

Du Pape ; violet foncé ; de la forme d'une grosse Prune de Monsieur ; chair brune ; la feuille plus large que celle du Mirabolan, auquel cet Abricotier ressemble.

AMANDIER, *Amygdalus communis dulcis*. J. commun, petit fruit, amande douce, noyau dur.

Des Dames ; fruit plus gros, noyau fort tendre, amande douce.

A gros fruit ; gros noyau dur, amande ferme & très-bonne.

Leurs variétés à amandes amères.

AZEROLIER d'Italie, *Grataegus Azarolus* ; fruit de fantaisie estimé pour la confiture. Espalier.

CERISIER, *Cerasus fructu rotundo acido*.

Précoce nain, *Cerasus pumila*. J. fruit très-petit, rouge-léger, trop acide ; fin de mai.

Royale hâtive, May-Duke ; fruit moyen ;
beau rouge ; très-bon ; fin de mai.

Hâtif ; fruit moyen, rouge-clair, aigre ; rouge-
foncé, moins acide, mais moins hâtif.

A bouquet ; plusieurs fruits à une seule queue,
rouge-vif, trop acides ; fin de juin.

De la Toussaint ; fruits successifs jusqu'aux
gelées, petits, rouge vif, trop aigres.

Commun ; plusieurs variétés ; beaux fruits, un
peu aigres ; fin de juin.

De Montmorency ; belle variété du commun ;
gros fruit plein d'eau agréable ; commencement de juillet.

De Montmorency, gros Gobet à courte queue ;
gros fruit, rouge vif, excellent, peu abondant, queue fort courte ; mi-juillet.

De Villennes rouge, gros fruit bien arrondi,
rouge-clair ; eau abondante, relevée, excellente ; commencement de juillet.

De Villennes ambré ; gros fruit jaune d'ambre
lavé de rouge-clair, eau abondante, douce,
mi-juillet.

Royale, Chery-Duke ; gros fruit très-abondant, rouge très-foncé, eau très-douce ;
commencement de juillet.

Cerise-guigne ; gros fruit, forme de guigne,
très-abondant, rouge brun, eau douce ;
fin de juin.

Royale nouvelle ; variété de la précédente ;
fruits semblables, mûrissent successivement
pendant un mois.

Griotte ; *Cerasus austera. J.* gros fruit très-
arrondi , noir , plein d'eau douce très-
agréable ; commencement de juillet.

Griotte de Portugal, plus gros fruit, un peu
moins noir, chair plus ferme ; eau douce,
relevée ; commencement de juillet.

Griotte d'Allemagne ; gros fruit un peu applati , rouge très-brun , eau abondante un
peu trop acide ; mi-juillet.

Cerise à ratafia , petite Griotte ; variété de la
Griotte, un peu amère & âcre.

Guindoux , gros & excellent fruit noir ; mi.
juillet.

Bigarreau , *Cerasus Bigarella.*

A gros fruit rouge foncé , ferme, succulent ,
relevé, excellent ; fin de juillet.

A gros fruit blanc ; variété, gros fruit blanc
& rouge, tendre, moins relevé.

Guigne , *Cerasus Juliana. J.*

A gros fruit blanc lavé de rouge ; chair assez
ferme & de bon goût ; mi-juin.

A gros fruit noir luisant ou Bigaudelle ; fruit
presque comparable aux cerises ; fin de juin.

Mérizier , *Cerasus sylvestris. J.* ne se cultive
point dans les jardins ; celui à gros fruit
noir est employé pour les liqueurs.

Coignassier , *Pyrus Cydonia.*

Coignassier de Portugal, *Pyrus Cydonia Lusitanica. J.* seul qui mérite d'être cultivé pour

fon fruit très-gros, très-beau, bon en compotes & en confitures.

❖⸺❖⸺❖

ÉPINEVINETTE , *Berberis vulgaris.*
Épinevinette fans pepin , *Berberis vulgaris
abortiva ;* peut fe placer dans le coin le
plus maigre du potager. Les autres variétés
font communes dans les haies.

❖⸺❖⸺❖

FIGUIER , *Ficus carica* , à fruit blanc ; plein
de fuc doux & agréable ; le plus propre
à notre climat.
Figue Angélique , fruit jaune , moins gros,
fort bon ; abondant en automne.
Figue Violette , *Ficus carica violacea. J.*
fruit violet-foncé , chair rouge ; bon dans
les années chaudes.

Dans notre climat trop tempéré , les Figues qui ne naiffent qu'après la Saint-Jean
ne peuvent mûrir ; & des yeux qui les ont
produites il n'en fort point d'autres au printems. Pour empêcher les Figuiers de donner ces Figues tardives qui périffent pendant
l'hiver , il faut , entre le premier & le dix
juin , pincer les nouveaux bourgeons forts
à quatre ou cinq yeux (ceux qui ne font pas
de force à donner du fruit n'ont pas befoin
d'être pincés) : aufli-tôt il fort des Figues
qui , étant nées avant la Saint-Jean , peuvent mûrir en automne ; il fort aufli de

nouveaux jets qui deviennent affez forts pour réfifter à l'hiver ; mais trop tardifs pour produire des Figues avant l'hiver.

Au printems fuivant, tailler à une longueur convenable ces bourgeons, dont tous les yeux donneront des Figues. Tailler à 3 ou 4 yeux les bourgeons moyens ; & les foibles à 1 ou 2 yeux.

FRAMBOISIER , *Rubus Idæus.*
Framboifier à fruit rouge.
Framboifier à fruit blanc.
Framboifier des Alpes , qui donne deux récoltes, en été, & en automne ; fruit rouge.

❖—❖❖❖—❖

GROSEILLIER à grappes , *Ribes rubrum.*
Grofeillier à fruit rouge.
Grofeillier à fruit couleur de chair , moins acide.
Grofeillier à fruit blanc , encore moins acide.
Grofeillier à gros fruit blanc , Grofeille perlée ; fruit un peu plus gros & plus doux.
Grofeillier à fruit noir , Caffis ; gros fruit noir , âcre , inutile pour la table.
Grofeillier épineux , *Ribes uva-crifpa* ; fruit de fantaifie , de peu d'ufage ; plufieurs variétés.

❖—❖❖❖—❖

MURIER , *Morus nigra* ; à fruit noir.
Mûrier blanc , *Morus alba.*
Mûrier d'Italie , *Morus Italica. J.*

❖❖❖

Nefflier, *Mespilus Germanica* ; à gros fruit, peu délicat ; l'art est nécessaire pour le faire mollir.

Nefflier sans noyaux, *Mespilus Germanica abortiva* : petit fruit ; mollit bien.

❖❖❖

PÉCHER, *Persica.*

Avant-Pêche blanche ; très-petit fruit blanc, peu succulent, sucré, musqué ; mi-juillet.

Avant-Pêche rouge ; fruit moins petit ; rouge-vif, sucré, musqué ; commencement d'août.

Pêche jaune ; fruit plus gros, sucré, vineux, plus tardif.

Double de Troies, petite Mignonne ; fruit plus gros que les précédents, blanc & rouge-foncé ; chair fine, blanche ; vineuse, agréable ; fin d'août.

Pêche-Cerise ; variété de la précédente, de même grosseur, blanche & rouge-cerise ; médiocre.

Madelaine blanche ; peau & chair blanches ; fine, délicate, sucrée, musquée ; grosseur mediocre ; mi-août.

Madelaine rouge, Madelaine de Courson ; fruit plus gros que le précédent, d'un beau rouge, sucré, relevé, très-bon ; mi-septem-

bre. Elle a une variété tardive qui mûrit à
la fin d'octobre.

'êche Malte ; variété de la Madelaine blanche , fine , mufquée , excellente ; rouge &
blanche ; mi-feptembre.

'ourprée hâtive ; gros fruit , rouge-foncé , fin ,
fondant , très-bon ; commencement d'août.
Pourprée tardive ; groffe , bien arrondie ,
jaune & rouge-pourpre ; eau très-relevée ;
commencement d'octobre.

Mignonne, Veloutée, groffe Mignonne; groffe,
jaune & rouge très-foncé , fine , fondante,
délicate , fucrée , vineufe ; mi feptembre.

ncomparable en beauté ; même forme que
la groffe Mignonne ; un peu plus ronde
& plus brune ; mûrit peu après ; grande
fleur.

Cardinale de Furftemberg ; groffe , ronde ,
très-rouge , fondante , excellente ; mi-fep.

Vineufe ; variété de la Mignonne , moins
groffe , plus colorée , plus vineufe.

Bourdin , Narbonne ; autre variété ; mêmes
groffeur , forme & couleur ; goût encore plus
parfait.

Chévreufe hâtive ; gros fruit un peu alongé,
jaune & rouge-vif, fucré, agréable ; fin
d'août.

Chancelliere à grandes fleurs ; variété de la
Chévreufe ; fruit un peu moins alongé, plus
fucré, meilleur, un peu plus tardif.

Pêche d'Italie ; autre variété plus groffe, plus pâle, plus tardive, plus fucculente.

Chévreufe tardive, mal nommée Pourprée ; autre variété plus abondante, fruit prefque vert & beau rouge pourpre, excellent ; fin de feptembre.

Admirable ; très-gros fruit, rond, jaune-clair & rouge-vif ; chair ferme, fine, douce, fucrée, vineufe, d'une bonté admirable ; mi-feptembre.

Galande, Bellegarde, variété de l'Admirable, prefque femblable en tout ; un peu plus hâtive.

Royale ; autre variété ; fruit moins arrondi, un peu moindre en groffeur, couleurs & qualités.

Admirable jaune, Abricotée ; autre variété très-féconde, même en plein vent ; gros fruit jaune un peu lavé de rouge ; chair ferme, jaune, un peu de goût d'abricot ; octobre.

Teton de Vénus ; autre variété ; fruit plus gros, moins arrondi, terminé par un gros mamelon ; goût très fin & agréable ; fin de fept.

Nivette, Veloutée tardive : gros fruit, vert & rouge-foncé, velu, ferme, fucré, relevé ; fin de feptembre.

Perfique ; très-fécond, même en plein vent, fruit alongé, anguleux, femé de petites boffes, d'un beau rouge ; excellent ; octobre & novembre.

Jaune-liffe ;

Jaune-liſſe ; fruit petit, jaune & un peu rouge, ſans duvet ; chair jaune, goût d'abricot ; mi-octobre.

Petite Violette : petit fruit violet clair & jaune-pâle ; liſſe, ſucré, vineux, très-bon ;
commencement de ſeptembre.

Groſſe Violette ; gros fruit moins vineux, plus
tardif.

Brugnon violet muſqué ; fruit moyen, violet ;
chair adhérante au noyau, vineuſe, muſ-
quée, ſucrée, ſi le fruit eſt parfaitement
mûr ; fin de ſeptembre.

Pavie Madeleine, Pavie blanc ; fruit ſemblable à la Madeleine blanche ; chair dure, adhérante à la peau & au noyau ; commencement de ſeptembre.

Pavie de Pomponne, Pavie rouge ; fruit le
plus gros de ſa famille ; blanc & beau rouge, muſqué, ſucré, vineux ; commencement d'octobre.

Pavie jaune ; fruit égal au précédent en groſſeur, quelquefois ſupérieur en qualités.

POIRIER, *Pyrus*.

Amiré-Joannet ; petit fruit, pyriforme, jaune-
citron, tendre, peu de goût ; fin de juin.

Petit Muſcat, Sept-en-gueule ; la plus petite de toutes les poires, rouge-brun, demi-
beurré, muſqué ; fin de Juin.   G

Muscat-Robert, Poire à la Reine ; moyen, pyriforme, vert-clair, tendre, sucré ; mi-juillet.

Aurate ; petit, turbiné, jaune & rouge-clair, demi-beurré ; fin de juin.

Madeleine, Citron des Carmes ; moyen, turbiné, vert-clair, fondant, parfumé ; juillet.

Cuisse-Madame ; très-alongé , moyen , vert & roux , demi-beurré, un peu musqué ; fin de juillet.

Vermillon, Bellissime d'automne ; moyen, encore plus alongé , rouge-foncé , cassant , doux , relevé ; fin d'octobre.

Gros blanquet ; petit, pyriforme, blanc & rouge-clair, cassant, sucré, relevé ; fin de juillet.

Blanquet à longue queue ; fort petit, pyriforme, blanc, demi-cassant, sucré, parfumé ; commencement d'août.

Petit Blanquet, Poire à la perle ; petit fruit, forme de perle en poire , jaune très-pâle, demi-cassant, musqué ; fin de juillet.

Epargne , Beauprésent, S. Samson ; moyen , très-alongé , vert, fondant , peu relevé , le meilleur de la saison ; fin de juillet.

Ognonnet, Archiduc d'été ; moyen turbiné , jaune & rouge - vif , demi-cassant , goût rosat & relevé ; commencement d'août.

Salviati ; moyen, rond, jaune & rouge-clair, demi-beurré, sucré, très-parfumé ; août.

(99)

Orange musquée ; moyen, rond, boutonné,
jaune & rouge-clair, cassant, musqué ; août.

Orange rouge ; même forme, un peu plus
gros, gris & rouge-vif, cassant, sucré &
musqué ; août.

Bourdon musqué ; petit, rond, vert-clair,
cassant, musqué ; juillet.

Poire de jardin ; gros fruit rond, boutonné,
jaune & beau rouge, cassant, sucré, bon ;
décembre.

Orange d'hiver ; moyen, rond, boutonné,
vert-brun, cassant, musqué : fév. & mars.

Martin-Sire : gros, beau, pyriforme, vert-
clair, cassant, doux & sucré : janvier.

Rousselet d'hiver : petit fruit pyriforme, vert-
foncé & rouge-brun, demi-cassant, à cuire :
février & mars.

Rousselet de Reims, petit Rousselet, *Pyrus
communis-rufescens* : petit, pyriforme, rouge-brun, demi-beurré, fin, très-parfumé :
fin d'août.

Rousselet hâtif, Poire de Chypre, Perdreau :
petit, pyriforme, jaune & rouge-vif taché
de gris, demi-cassant, sucré, très-parfumé : mi-juillet.

Gros Rousselet, Roi d'été : moyen, pyriforme, vert-foncé & rouge-brun, demi-cassant,
parfumé, peu fin : septembre.

Poire sans-peau, fleur de Guignes : moyen,
pyriforme, vert & jaune tacheté de rouge,

fondant, parfumé : commencement d'août.

Martin-sec : fruit moyen, pyriforme long, isabelle & rouge, cassant, sucré, bon : novembre, décembre, janvier.

Rousseline : petit, pyriforme turbiné, couleurs plus claires que le précédent, demi-beurré, sucré, musqué, agréable : novembre.

Fondante de Brest, Inconnue Cheneau : moyen turbiné alongé, vert-gay & rouge clair, cassant, sucré, relevé : commencement de septembre.

Cassolette, Muscat vert, &c. petit, pyriforme, vert-clair & rouge-pâle, tendre, sucré, musqué : fin d'août.

Bergamotte d'été, Milan de la Beuvriére : gros, turbiné, vert-gay & roux, demi-beurré, peu relevé : commencement de septembre.

Bergamotte d'automne : gros : turbiné, jaune & rouge-brun, beurré, sucré, doux, parfumé : octobre, novembre, décembre.

Bergamotte Suisse : moyen, turbiné : rayé de vert, de jaune, & de rouge : beurré, sucré : octobre.

Crasanne, Bergamotte Crasanne : gros, arrondi, gris-vert, très-fondant, sucré, relevé, excellent : novembre, décembre, janvier.

Bergamotte de Soulers : Bonne de Soulers : gros, pyriforme, jaune & rouge-brun, beurré, fondant, sucré : fév. mars.

Bergamotte de Pâques ou d'hiver : plus gros, court turbiné, gris & roux, demi-beurré, peu relevé : janvier, février, mars.

Bergamotte de Hollande, Bergamotte d'Alençon, Amofelle : très-gros, turbiné arrondi, jaune-clair, demi-caffant, relevé, agréable : très-tardif.

Meffire-Jean : gros, prefque rond, varie de couleur ; caffant, fucré, relevé, très - bon : octobre.

Robine, Royale d'été : petit, turbiné, court, jaune, demi-caffant, fucré, mufqué : août.

Epine-Rofe, Poire de Rofe ; gros fphérique, jaune & rouge-clair, demi-fondant, mufqué ; fucré, &c. comme l'Ognonnet ; août.

Double-Fleur ; gros, rond, jaune, bon à cuire en février, mars & avril.

Double-Fleur panachée ; variété, rayée de vert & de jaune.

Bezi de Caiffoy, Rouffette d'Anjou ; petit fruit prefque rond, jaune-brun, tendre, beurré, fucré, excellent ; nov. déc. janv.

Franc-Réal ; gros, renflé par le milieu, vert & roux, bon à cuire en oct. nov. déc.

Epine d'été, Fondante mufquée ; moyen, pyriforme alongé, vert-pré, fondant, très-mufqué ; commencement de feptembre.

Poire-Figue ; moyen, très-alongé, vert-brun, fondant, doux & fucré ; commenc. de fept.

Epine d'hiver ; gros, alongé, vert-pâle, fon-

dant, doux, excellent, si le terrein lui convient ; nov. déc. janvier.

Ambrette ; moyen, ovale, blanchâtre, fin,
fondant, sucré, relevé dans les terreins
chauds ; nov. déc. janvier, février.

Echassery, Bezy de Chassery : presque mêmes
grosseur, forme & couleur ; fondant, sucré, musqué, nov. déc. janvier.

Sucré-vert ; fruit moyen, alongé, vert, beurré,
sucré, bon ; fin d'octobre.

Royale d'hiver ; gros, pyriforme, jaune-clair
& beau rouge, demi-beurré, sucré dans les
terres chaudes ; déc. janv. février.

Muscat l'Alleman ; un peu ressemblant au précédent, gris & rouge, beurré, fondant,
musqué, relevé ; mars, avril, mai.

Verte-longue, Mouille-bouche ; gros, alongé,
vert, fondant, doux, sucré, bon ; commencement d'octobre.

Verte-longue panachée ; variété rayée de vert
& de jaune.

Beurré, *Pyrus communis liquescens* ; gros,
fondant, très-beurré, fin, relevé, excellent,
varie de couleur ; fin de septembre.

Bezy de Chaumontel ; gros, varie de forme &
de couleur, demi-beurré, fondant, sucré,
relevé, excellent ; nov. déc. janvier.

Angleterre, Beurré d'Angleterre ; moyen,
ovoïde alongé, gris, demi-beurré, fondant, succulent ; septembre.

(103)

Angleterre d'hiver ; moyen, pyriforme, jaune
citron, très-beurré, doux, un peu sec ; déc.
janv. fév.

Orange Tulipée, Poire aux mouches ; grosse
poire verte & brune, rayée de rouge-clair
& marbrée de gris, demi-caffante ; comm.
de septembre.

Belliffime d'été, Suprême ; petit fruit, beau-
rouge & jaune rayé de rouge-clair, demi-
beurré, peu relevé ; juillet.

Doyenné, Beurré blanc, Saint-Michel ; gros,
oblong, jaune, très-beurré, très-fucré, quelquefois relevé, excellent ; octobre.

Doyenné gris ; moyen, gris, beurré, fondant,
meilleur que le précédent : novembre.

Bezy de Montigny ; moyen, forme du Doyenné, jaune, très-fondant, mufqué : commencement d'octobre.

Franchipanne ; moyen, long renflé par le milieu, beau jaune, demi-fondant, doux, fucré, parfum propre : fin d'octobre.

Jaloufie ; gros, alongé, renflé, boutonné,
roux, très-beurré, fucré, relevé, fort bon :
fin d'octobre.

Bon-Chrétien d'hiver, *Pyrus communis Pom-
peiana* ; affez connu.

Angélique de Bordeaux ; gros, prefque même forme que le précédent, plus pâle, caffant, ou tendre, doux & fucré : janv. fév.

Bon-Chrétien d'Efpagne ; très-gros, pyramidal, jaune & beau rouge, caſſant, doux ; bon à cuire en novembre & décembre.

Gracioli, Bon-Chrétien d'été ; gros, pyramidal tronqué, boſſu, jaune, demi-caſſant, ſucré, très ſucculent : commenc. de ſept.

Bon-Chrétien d'été muſqué ; moyen, en poire de coing, jaune & rouge-léger, caſſant, muſqué : fin d'août.

Manſuette, Solitaire : gros, pyramidal, peu régulier, vert & jaune, demi-fondant, bonté médiocre.

Marquiſe : gros, pyramidal alongé, jaune, beurré, fondant, doux, ſucré : nov. & déc.

Colmart, Poire-manne : très-gros, pyramidal tronqué, vert & rouge-léger, beurré, fondant, ſucré, relevé, excellent : janv. fév. mars.

Virgouleuſe : gros, alongé, jaune, tendre, beurré, relevé, excellent : nov. déc. janv. février.

Saint-Germain : gros, pyramidal alongé, vert, fondant, ſucculent, excellent : depuis novembre juſqu'en avril.

Louiſe-bonne : reſſemble beaucoup au précédent, gros, blanc, demi-beurré, quelquefois bon ; décembre & janvier.

Impériale à feuille de chêne : moyen, reſſemblant à une petite Virgouleuſe, inférieur en qualités : mars & avril.

Paſtorale, Muſette d'automne : gros, très-

alongé, jaune, femé de roux, demi-fondant, un peu mufqué, bon : oct. nov. déc.
Catillac; très-gros, pyriforme obtus, jaune &
rouge-brun, âcre, à cuire depuis novembre
jufqu'à la fin d'avril.
Belliffime d'hiver : plus gros que le précédent,
prefque rond, jaune & beau rougé; tendre, doux, moëlleux, à cuire : déc. janv. fév.
Tréfor, Amour : très-gros, renflé, jaune-ci-
tron, tendre, doux, très-bon à cuire depuis
décembre jufqu'en mars.
Tonneau : très gros, forme d'un petit tonneau,
jaune & rouge vif, bon à cuire en février
& mars.
Naples : moyen, forme de calebaffe, jaune
lavé de rouge-brun, demi-caffant, doux :
février & mars.
Lanfac : petit, prefque rond, jaune, fondant,
fucré, relevé : depuis oct. jufqu'en janvier.
Chat-brûlé; moyen, pyriforme allongé, jaune
& beau rouge-vif, très-bon à cuire en fév.
& mars.

❖⇒❖

P O M M I E R, *Malus*.

Calville d'été, Paffe-pomme; petit fruit conique, à côtes, blanc & beau rouge, peu
de faveur ; commencement de juillet en
compotes.
Paffe - pomme rouge ; petit, applati ou rac-

courci, rouge-léger & rouge-vif, peu relevé; commencement de juillet en compotes.
Calville blanche d'hiver; très - gros fruit,
jaune pâle & rouge-vif, fin, tendre, grenu, léger, relevé; décembre, avril.
Calville rouge d'hiver, *Pyrus malus Cavillea*;
très-gros fruit à côtes, rouge très-foncé,
chair presque toute rose, fine, légère, gre-
nue, vineuse : jusqu'à la fin de mars.
Postophe d'hiver; ressemble beaucoup au précédent, moins alongé, jaune & rouge-
cérise; goût agréable & relevé; jusqu'en
août.
Violette; fruit moyen, conique, jaune &
rouge foncé, chair un peu teinte, sucré,
parfumé de violette; jusqu'en mai.
Fenouillet gris, Anis; petit, bien fait, ven-
tre de biche, tendre, sucré, parfumé d'A-
nis; décembre, janvier, février.
Fenouillet rouge, Bardin; moyen, gris-foncé
& rouge-brun, plus ferme, plus sucré,
plus relevé que l'Anis; jusqu'en mars,
Fenouillet jaune, Drap d'or : moyen, même
forme, beau jaune & gris, ferme, délicat, doux, fort bon; oct. & novembre.
Pomme d'or, Gould-Pippin; petit, couleur
de drap d'or, ferme, sucré, très-relevé,
excellente Reinette, jusqu'en mars.
Reinette dorée, Reinette jaune tardive; moyen,
raccourci, gris-clair sur un fond jaune,

ferme, fucré, relevé, peu acide ; jufqu'en mars.

Reinette blanche, *Pyrus malus prafomilla* ; moyen, abondant, jaune pâle, très-odorant, agréable ; jufqu'en mars.

Reinette rouge ; gros, raccourci, jaune très-clair & beau rouge, ferme, aigrelet ; tardif.

Reinette de Bretagne ; fruit moyen, rouge-foncé & rouge-vif tiqueté de jaune, ferme, fucré, peu acide ; finit en décembre.

Reinette de Canada ; très-gros, à côtes, jaune lavé de rouge, bon, peu acide ; jufqu'en février.

Reinette franche ; gros, applati, jaune, ferme, fucré, relevé, excellent ; jufqu'en août.

Reinette grife ; gros, applati, gris, ferme, fucré, fin, excellent : jufqu'en juillet.

Pigeonnet : moyen, alongé, rouge rayé de rouge-foncé, fin, doux, agréable : jufqu'en décembre.

Pigeon, Jérufalem : petit fruit conique, couleur de rofe changeante, fin, délicat, grenu, léger, très-bon : jufqu'en février.

Rambour franc : très-gros, très-applati, à côtes, jaune-pâle rayé de rouge, léger, aigrelet : bon à cuire en fept. & octobre.

Rambour d'hiver : mêmes forme & couleur, plus acide : bon à cuire jufqu'à la fin de mars.

Api , Long-bois : fort petit, jaune-pâle &
beau rouge-vif, ferme, croquant, frais,
peu d'odeur & de faveur : jufqu'en avril.

Capendu : petit fruit, conique, rouge-pourpre & rouge-brun , tiqueté de fauve , aigrelet , bon : jufqu'à la fin de mars.

PRUNIER , *Prunus*.

De Catalogne , jaune hâtive : petit fruit allongé , jaune , fucré , commencement de
juillet.

Précoce de Tours : petit, ovale , noir, peu
relevé : mi-juillet.

Damas mufqué , Prune de Malte , Prune de
Chypre : petit , violet-foncé, ferme, mufqué : mi-août.

Damas violet : moyen, alongé , violet , ferme,
fucré, un peu aigre : fin d'août.

Damas de feptembre , Prune de Vacances :
petit oblong , violet-foncé , relevé , agréable : fin de feptembre.

Monfieur : gros , rond , beau violet , fondant , peu relevé : fin de juillet.

Monfieur hâtif : femblable , violet plus foncé,
mi-juillet.

Royale de Tours : gros , prefque rond , violet-clair & rouge-clair : fin, fucculent , fucré , relevé : fin de juillet.

uiſſe : reſſemble au Monſieur : moins gros : tout ſeptembre.

'erdrigon blanc : petit, longuet, blanc, fondant, très-ſucré, parfumé, excellent. Eſpalier : commencement de ſeptembre.

'erdrigon violet : même forme, un peu plus gros, mêmes qualités. Eſpalier : fin d'août.

'erdrigon rouge : mêmes forme, groſſeur & qualités, d'un beau rouge preſque violet; ſeptembre.

Reine-claude, Dauphine, *Prunus compreſſa. J.* gros, ſphérique, vert tiqueté de gris & de rouge, la plus excellente de toutes les Prunes : août.

'etite Reine-claude : inférieur en groſſeur & en qualités, un peu plus tardif. Il a une ſoûvariété à fleur ſemidouble.

Abricotée : gros fruit rond, vert un peu lavé de rouge, ferme, muſqué, excellent : commencement de ſeptembre.

Mirabelle : petit, rond un peu oblong, jaune-ambré, ferme, fort ſucré : mi-août.

Variété à fleur ſemi-double.

Drap d'or, Mirabelle double, petite, preſque ronde, jaune tiqueté de rouge, fondante, ſucrée, délicate, très-bonne : mi-août.

Impériale violette : gros fruit ovale, violet-clair, ferme, ſucré, relevé : fin d'août.

Diaprée violette : moyen, alongé, violet, ferme, ſucré, délicat, bon : comm. d'août.

Diaprée rouge, Roche-Corbon : presque mêmes forme & grosseur, rouge-cérise , ferme,
succulent , sucré , relevé : commencement
de septembre.

Impératrice blanche ; moyen , oblong , jaune-
clair , ferme , sucré , agréable ; fin d'août.

Isle-vert ; gros , très-alongé, bon en confitures ; commencement de septembre.

Sainte-Catherine ; moyen , alongé, jaune , sucré , très-bon ; septembre & octobre.

VIGNE, *Vitis.*

Raisin précoce, de la Madeleine, Morillon
hâtif, *Vitis vinifera præcox.* J. Petite grappe , très-petit grain , violet noir, peu de goût.

Chasselas, Bar-sur-Aube ; grande grappe , gros
grain rond , jaune d'ambre , fondant, doux,
sucré , très-bon.

Chasselas musqué ; un peu moins gros & plus
tardif, vert , sucré , relevé de musc.

Cioutat, Raisin d'Autriche, *Vitis laciniosa* ;
feuille palmée ou laciniée; variété de Chasselas ; grappes & grain plus petits , bon.

Muscat blanc ; grosse grappe très-longue, conique ; peau blanche, croquante, eau sucrée
& musquée.

Muscat rouge ; grain moins serré, gros , rouge-
vif, musqué , moins bon ; mûrit mieux que
le blanc.

Le Muscat violet & le noir inférieurs en
bonté.

Muscat d'Alexandrie, Passe-longue musquée ;
peu de grains à la grappe, ovales, jaunes,
musqué & très-bon, mûrit rarement.

Cornichon blanc ; peu de grains, très-longs,
renflés par le milieu, blancs, doux, sucrés,
très-bons ; mûrit rarement.

Cornichon violet ; mûrit encore plus rarement.

Corinthe blanc ; petite grappe alongée, très-
garnie de fort petits grains ronds, jaunes,
succulents, sucrés.

Bourdelas, Verjus ; très-grosse grappe bien
garnie de fort gros grains oblongs, jaune-
pâle, pleins d'eau agréable dans leur maturité.

I V.

Arbres, Arbrisseaux & Arbustes de pleine terre.

A c a c i a, Faux-Acacia, *Robinia pseudo-
acacia :* arbre ; grappes de fleurs blanches
odorantes, en mai.

Faux-Acacia sans épine, *Robinia pseudo-aca-
cia inermis.*

Semences stratifiées, peu enterrées, en
mars ; jeune plant craint le soleil ; plantez

peu avant en toute bonne terre , même séche.

Acacia triacanthos, Févier d'Amérique, *Gleditzia triacanthos* : arbre ; fleurs très - peu éclatantes ; siliques singulières d'un beau rouge. Semences de Canada sur couche ; racines.

Acacia-Rose , *Robinia hispida* : arbrisseau précieux par ses belles fleurs couleur de rose. Greffer en fente ou en écusson , sur le Faux-Acacia.

Acacia de Constantinople, Julibrizin , ou Arbre de Soie , *Mimosa Linlibrizin*.

Agnus-castus , *Vitex Agnus-castus* : arbrisseau ; fleurs en juillet & août ; plusieurs variétés distinguées par les feuilles & par la couleur des fleurs. Semences , marcottes ; tout terrein.

Agnus-castus de la Chine , *Vitex Negundo* : petit arbuste : rarement s'éleve de semences.

Alaterne d'Espagne , *Rhamnus alaternus latifolius. J.* arbrisseau toujours vert.

Alaterne de Montpellier , *Rhamnus alaternus Monspelliacus.*

Alaterne à feuilles maculées de jaune.

Alaterne à feuilles bordées de blanc ; & autres variétés.

Semences : marcottes. Le bordé de blanc craint les fortes gelées.

Alizier , Alouchier , de bois , *Cratagus torminalis.*

Alizier

Alizier de Fontainebleau, *Cratægus latifolia.*

Alizier à feuille ronde & à feuille longue, blanches en deſſous, *Cratægus Aria.*

Alizier nain du Mont-d'or, *Cratægus chamæ-meſpilus.*

    Petits arbres, beaux bouquets de fleurs blanches au printems, & de fruits en automne. Semences; greffe ſur franc ou ſur Aubépine.

ALTHÆA-FRUTEX, *Hibiſcus Syriacus* : arbuſte : belles fleurs en été, blanches, rouges, violet-pourpre.

Althæa-frutex à feuilles panachées.

Althæa-frutex à fleur double de la Chine, *Hibiſcus Syriacus multiplex.*

    Semences, marcottes, boutures, greffes en fente ſur franc.

AMANDIER commun à feuilles panachées, *Amygdalus communis variegatus.*

Amandier à fleurs doubles, *Amygdalus flore pleno* : petit arbre ; belles fleurs au printems.

Amandier du Levant à feuille ſatinée, *Amygdalus Orientalis. J.*

Amandier nain à fleur ſimple, *Amygdalus nana.*

Amandier nain à fleur double.

    Petits arbuſtes. Greffe ſur l'Amandier commun ; drageons du nain à fleur ſimple.

AMELANCHIER, *Meſpilus Amelanchier* : arbriſſeau : fleurs blanches au printems : fruit bleu.

Amelanchier de Canada, *Meſpilus Canaden-*

fis : fleurs blanches en épi. Semences : greffe
sur épine.

Amorpha, Indigo bâtard, *Amorpha fruticosa* :
arbrisseau : fleur bleue en épi en juin. Semences, marcottes, boutures.

Angelique épineuse, *Aralia spinosa* : arbuste :
gros bouquet de fleurs, été, automne. Racines ; ombre ; humidité.

Anonis, Arrête - bœuf, *Anonis fruticosa* :
petit arbrisseau ; fleurs lie-de-vin, juin &
juillet. Semences, marcottes ; terrein sec.

Arbousier, Fraisier en arbre, *Arbutus
unedo* : arbrisseau toujours vert. Fruit ressemblant à une grosse fraise. Semences,
marcottes, bon abri.

Arbre de Judée, Gainier, *Cercis siliquastrum*.
Arbre moyen, fleurs rouges très-nombreuses. Semences.

Arbre de Judée à fleurs blanches, *Cercis siliquastrum album*.

Arbre de Judée de Canada, *Cercis Canadensis*. Greffe sur le commun.

Arbre de Cire, *Myrica cerifera* : arbuste à
feuille odorante. Marcotte ; graines d'Amérique ; mieux en Orangerie.

——Mirthe du Brabant, ou Piment royal,
Myrica gale.

Ascyrum, *Hypericum Ascyrum* : arbuste ;
fleur jaune, été. Semences, drageons.

Asperge à feuilles piquantes, *Asparagus acu-*

tifolius : arbuste toujours vert ; fleur odorante. Semences, œilletons.

Aubepine, *Cratægus Oxyacantha.*

Aubepine à fleur double, *Cratægus multiplex.*

Aubepine à fleur rouge, *Cratægus rosea.* J.
nouvelle variété.

Aubepine ou Epine de Glastonbury, *Cratægus
oxyacantha biflora* : fleurit deux fois par an.
Greffes sur l'Aubepine.

Aune, *Betula Alnus glutinosa* : grand arbre
commun.

Aüne à feuilles blanches en dehors, *Betula
Alnus incana.*

Aune à feuilles découpées, *Betula Alnus laciniata.* J.
Semences, pieds éclatés.

Azerolier de Provence, ou d'Italie, *Cratægus Azarolus.*

Azerolier de corail, *Cratægus coccinea.*

Azerolier de Canada, *Cratægus rutila.* J.

Azerolier Poire, *Pyrus dulcis.*
Petits arbres très-brillants par les fleurs
au printems, & les fruits en automne. Sé-
mences, greffes sur épine, poirier, &c.

Baguenaudier, *Colutea arborescens* : grand
arbuste ; fleurs jaunes, printems ; vessies
rougeâtres.

Baguenaudier d'Alep, *Colutea Istria.*

Baguenaudier du Levant, *Colutea Orientalis.*
Semences, drageons, boutures.

H

Barbe-de-Renard, *Astragalus Tragacantha :* petit arbufte blanchâtre toujours vert. Semences, terrein fec.

Baumier de Gilead, *Pinus Balfamæa :* grand arbre toujours vert. Semences.

Bignonia, Jafmin de Virginie, *Bignonia radicans.*

Petit Jafmin de Virginie, *Bignonia radicans minor.*

Arbufte farmenteux, belles fleurs, fin de juillet. Marcottes, boutures.

Bois-bouton, *Cephalanthus Occidentalis :* arbriffeau, fleur blanche en boule, été ; difficile à multiplier, marcottes, boutures ; ombre ; terre forte, humide.

Bois-gentil, Bois-joli, *Daphne Mezereum :* petit arbufte, fleur rouge, fleur blanche, odorantes, premier printems. Semences.

Bonduc, Chicot, *Guilandi▇▇▇▇ca :* arbriffeau fingulier. Racines.

Bouleau à canot de Canada, *Betula nigra.*

Bouleau Mérifier, *Betula lenta :* greffe fur le Bouleau commun.

Bouleau commun, *Betula alba :* femences.

Bourreau des Arbres, *Celaftrus fcandens :* arbriffeau farmenteux : fem. & marcottes.

Bruyere commune, *Erica vulgaris :* très-petit arbufte pour bordures ; fleur purpurine, été ; terre fablonneufe ; reprend difficilement en terrein cultivé.

Bruyère cendrée, *Erica cinerea.*

(117)

Buis en arbre, *Buxus sempervirens.*
Buis panaché de blanc.
Buis panaché de jaune.
Buis maculé.
Buis nain d'Artois, *Buxus sempervirens suffru-
ticosa. J.*
Grand Buis de Mahon, feuille très-large,
Buxus Balearica.
    Semences, marcottes.
Buplevrum, *Buplevrum fruticosum* : grand ar-
brisseau toujours vert, feuilles de Saule.
    Semences, marcottes ; terrein humide.
Camelé, *Cneorum tricoccum* : arbuste toujours
vert ; fleur jaune, fleur rouge. Semences ;
bien exposer, abriter.
Caprier, *Capparis spinosa* : arbuste à grandes
fleurs blanches. Semences ; drageons ; bien
exposer, abriter ; aime les platras & décombres.
Catalpa, *Bignonia Catalpa* : arbre moyen ;
gros bouquet de fleurs purpurines odorantes, fin de juillet. Marcottes, boutures.
Ceanothus, *Ceanothus Americanus* : arbuste ;
fleur blanche, été. Semences, terrein sablonneux, humide, ombre.
Cedre du Liban, *Pinus Cedrus* : grand arbre
toujours vert.
Cédre de Bermude, *Juniperus Bermudiana.*
Cédre de Virginie, *Juniperus Virginiana.*
    Semences ; le jeune plant sensible au

froid se met en pleine terre la troisiéme année.

Cerisier à fleur double, *Cerasus multiplex.*

Cerisier à fleur semidouble, printems. Greffe
sur Cerisier, ou Merisier.

Chamæcerisier, *Lonicera Xylosteon :* arbuste
à pet. fleur de Chevrefeuille, printems.

Chámæcerisier de Tartarie, *Lonicera Tar-
tarica.*

Chamæcerisier à fruit noir, *Lonicera nigra.*

Chamæcerisier des Alpes, *Lonicera Alpi-
gena.*

Chamæcerisier à fruit bleu, *Lonicera cærulea.*
Semences, marcottes, greffe.

Chamædris en arbre, *Teucrium flavum :* arbuste toujours vert ; fleur jaunâtre en épi,
été. Semences.

Charme, *Carpinus Betulus :* arbre moyen.

Charme du Levant, *Carpinus Orientalis.*

Charme à fruit d'Houblon, *Carpinus ostrya.*
Plant de Charmille au cent ou au mille.

Chataignier, *Fagus Castanea sativa :* gr.
arbre. Semences.

Châtaignier à gros fruit, Maronnier. Greffe
en flûte sur franc, en mai.

Chêne, *Quercus Robur :* grand arbre. Semences.

Chêne-rouge de Canada, *Quercus rubra.*

Chêne à feuille de Châtaignier, *Quercus*

Caftaneæ folia. Ces deux fe greffent.

Chêne-vert , *Quercus Ilex.*

Chêne Liége , *Quercus Suber.* Semences.

Chêne kermès , *Quercus coccifera.*

CHEVREFEUILLE des bois , *Lonicera Periclyme-*
num.

Chevrefeuille des jardins , *Lonicera Caprifo-*
lium.

Chevrefeuille rouge de Virginie , *Lonicera*
fempervirens.

Chevrefeuille Romain , *Lonicera Italica.*

Chevrefeuille panaché à feuille de Chêne ,
Lonicera Quercifolia. Marcottes , drageons.
Le Chevrefeuille d'Italie eft appellé par les
jardiniers Chevrefeuille *fempervirens* , &
cette dénomination lui convient, puifqu'il
conferve fes feuilles en toutes faifons. Le
rouge de Virginie , que M. Linnæus caracté-
rife *fempervirens* , fe dépouille pendant
l'hiver en pleine terre.

CISTE à feuille de Laurier, *Ciftus laurifolius :*
arbriffeau toujours vert; fleur blanche , été.
Semences.

Cifte à feuille de Peuplier , *Ciftus populi-*
folius.

Cifte Ladanifere , *Ciftus Ladaniferus :* fleur
blanche , noirâtre au centre. Marcottes ,
boutures. Il faut bien expofer & abriter
tous les Cifles ; mieux en Orangerie.

CLEMATITE des bois , *Clematis vitalba :* arbrif-

feau farmenteux à fleur bleue, à fleur blanche. Semences, drageons.

Clematite à fleur bleue double, *Clematis
viticella.*

Clematite d'Orient, *Clematis Orientalis.* Drageons enracinés, marcottes.

CLETHRA à feuille d'Aune, *Clethra Alnifolia.*

CORMIER, Sorbier cultivé, *Sorbus domeftica :*
arbre ; bouquets de fleurs blanches en mai ;
& de petits fruits pyriformes comeftibles,
en automne. Semences ; greffes fur épine,
poirier, forbier, coignaffier.

CORNOUILLER fanguin, Bois-punais, *Cornus
fanguinea.*

Cornouiller panaché, *Cornus fanguinea variegata.*

Cornouiller de Canada à bois rouge & fruit
blanc, *Cornus alba.*

Cornouiller à feuille alterne, *Cornus alterni-
folia.*

Cornouiller mâle, à fruit rouge, *Cornus mafcula.*

Cornouiller à fruit jaune, *Cornus mafcula flava.*
Grands arbuftes ; bouquets de fleurs blanches au printems. Semences, marcottes,
traces, greffes fur franc.

COTONASTER, *Mefpilus Cotonafter :* petit arbriffeau à fruit rouge. Semences ; greffe fur
les Mefpilus.

CYPRÈS mâle, *Cupreffus expanfa. J.*

Cyprès femelle, *Cupreſſus faſtigiata*. J. Arbre
toujours vert. Seménces.

Cytise des Alpes, Faux-Ebenier, *Cytiſus La-*
burnum : petit arbre ; grappes de belles fleurs
jaunes en mai.

Cytiſe à large feuille, & longue grappe de
fleurs odorantes, *Cytiſus Laburnum latifo-*
lium ; (ſe greffe ſur le precédent).

Cytiſe de Montpellier, *Geniſta candicans* ,
(abriter en hiver).

Cytiſe, Trifolium des jardiniers, *Cytiſus*
ſeſſilifolius.

Cytiſe velu, *Cytiſus hirſutus* : fleur jaune-
orangé : arbriſſeaux. Semences, marcottes.

Dierville, *Lonicera Diervilla* : arbriſſeau ;
grappes de fleur jaune-pâle ; fin de mai.
Drageons.

Eglantier à feuille de Pimprenelle, *Roſa*
Pimpinella folia.

Eglantier odorant, *Roſa Eglanteria*.

Eglantier toujours vert.

  Marcottes, drageons, greffes.

Emerus, Securidaca des jardiniers, *Coronilla*
Emerus : arbriſſeau à fleurs jaunes tachées
de rouge, mai. Semences, drageons enracinés ; plus on le tond, plus il fleurit.

Epicia, *Pinus abies* : grand arbre toujours
vert. Semences.

Epine à bouquet de Caroline, *Cratægus Ca-*
roliniana.

Épine à feuille d'Érable, *Cratægus Acerifolia.*
Épine à feuille de Poirier, *Cratægus Pyrifolia.*
Épine de Glastombury, *Cratægus Glastombu-*
riensis.
Épine à long dard, *Cratægus aculeata.*
Épine luisante, *Cratægus Crus Galli.*
Épine de Pinchaw, *Cratægus tomentosa.* Se-
mences ; greffe sur aubépine.

ERABLE des bois, petit Erable, *Acer cam-*
pestre.
Erable Sicomore, *Acer pseudoplatanus.*
Erable plâne, *Acer Platanoïdes.*

  Arbres moyens. Semences.

Erable à sucre, *Acer saccharinum.*
Erable à feuille de Frêne, *Acer negundo.*
Erable de Virginie à feuille blanche en de-
hors, *Acer rubrum.*
Erable de Pensylvanie, *Acer Pensylvanicum.*
Erable Opale des Italiens, *Acer Opalus*, J.
Erable de Montpellier, *Acer Monspessulanum.*
Erable de Crete, *Acer Creticum.*
Erable de Canada à bois jaspé, *Acer Cana-*
dense. J.
Erable à feuille découpée, ou en patte d'oye,
Acer laciniosum. J.
Erable de Tartarie, *Acer Tartaricum.*

  Marcottes ; greffe sur franc.

FABAGO, *Zygophyllum Fabago* : arbuste ; fleur
rougeâtre, juin. Semences, boutures.
FILARIA, *Phyllirea media.*

Filaria dentelé, *Phyllirea latifolia.*

Filaria à feuille étroite, *Phyllirea angustifolia ;*
  & plusieurs autres variétés :
    Arbustes toujours verts. Semences, mar-
  cottes ; peu de soleil.

FRAMBOISIER de Canada, *Rubus odoratus :*
  arbrisseau, fleurs rose odorantes. Traces.

FRÊNE commun, *Fraxinus excelsior.*

Frêne à feuille arrondie, *Fraxinus rotundifolia.*

Frêne panaché, *Fraxinus excelsior variegata.*

Frêne à la mâne, *Fraxinus Ornus.*

Frêne de Caroline, *Fraxinus Caroliniana.*

Frêne à fleur, *Fraxinus florifera. J.*

Frêne de la nouv. Angleterre, *Frax. Americ. J.*

Frêne à feuille de Noyer, *Fraxinus juglandi-*
  folia. J.
    Arbres moyens, ou grands. Semences ;
  greffes ; terrein frais.

FRÊNE épineux, Fagara, *Zanthoxilum clava-*
  Herculis : arbre moyen. Marcottes, drageons.

FUSAIN, Bonnet de Prêtre, *Evonimus Eu-*
  ropæus.

Fusain à large feuille, *Evonimus latifolius. J.*

Fusain à fleur noirâtre, *Evonimus atropurpu-*
  reus.

Fusain galeux, *Evonimus verrucosus.*

Fusain toujours vert, *Evonimus Americanus.*
    Arbustes. Semences, marcottes, drageons.

FUSTET, *Rhus Cotinus :* arbrisseau ; beau feuillage odeur de Citron ; fleur singulière. Pieds
  éclatés.

GALÉ, Piment Royal, *Myrica Gale* : arbuste, feuille odorante. Drageons, marcottes ; terrein humide.

GENÈT d'Espagne, *Spartium junceum. J.* arbrisseau à fleurs jaunes, printems & été. Semences.

Genêt à fleur double, *Spartium junceum multiplex.* Greffe.

Genêt à balay, *Spartium scoparium.*

Genêt à fleur blanche, *Spartium Lusitanicum. J.* très - rare.

Genêt de Syberie , *Genista Sybirica.*

Genêt des Teinturiers, *Genista tinctoria.* Semences & greffes.

GENÈT épineux , Ajonc, Jonc-marin , *Ulex Europæus.* Voyez *Plantes de grande culture.*

GÉNÉVRIER commun , *Juniperus communis* : petit arbre toujours vert. Semences, ne levent que la deuxiéme année ; long & difficile à élever en terrein cultivé.

Génévrier (grand), *Juniperus Phænicea.*

Génévrier Cedre , *Juniperus Lycia.*

Génévrier Cedre de Virginie, *Juniperus Virginiana.*

Génévrier Cedre de Bermude , *Juniperus Bermudiana.* Semences.

GRENADIER (grand à fruit) *Punica granatum* : arbuste à belles fleurs rouges. Marcottes, drageons enracinés ; craint les fortes gelées.

GRENADILLE , fleur de la Paſſion , *Paſſiflora cœrulea* : arbriſſeau ſarmenteux. Semences, marcottes , drageons ; eſpalier au midi ; bon abri pendant l'hiver.

GUAÏACANA , Plaqueminier d'Italie , *Dyoſpiros lotus.*

Guaïacana de Virginie, *Dyoſpiros Virginiana* : petit arbre ; beau feuillage reſſemblant à celui du Limonnier. Marcottes.

GUIMAUVE en arbre, *Lavatera olbia.* Semences ſur couche au printems ; bien expoſer ; abriter dans les froids.

HÈTRE , *Fagus ſylvatica* : grand arbre. Semences.

Hêtre pourpre , *Fagus ſylvatica purpurea.* Greffe.

HOUX , *Ilex aquifolium* : arbuſte toujours vert.

Houx hériſſon , *Ilex aquifolium echinatum.*

—— Grand nombre de variétés bordées , panachées ; maculées de blanc , de jaune. Semences à l'ombre ; marcottes ; greffes ſur franc , en mai & août.

Houx-frélon , ou fragon , *Ruſcus aculeatus.* Semences, drageons.

HYDRANGEA , *Hydrangea arboreſcens* : arbuſte, donne quelquefois des fleurs blanches en paraſſol. Marcottes , drageons.

JASMIN commun , *Jaſminum officinale* : arbriſſeau ſarmenteux ; fleurs blanches odorantes, été.

Jasmin panaché de blanc, de jaune, *Jasminum officinale variegatum.*

Jasmin jaune des bois, *Jasminum humile* : petit arbrisseau à fleur jaune.

Marcottes, drageons.

Jasmin de Virginie. *Voyez* Bignonia.

JASMINOÏDE, *Lycium Europæum* : arbrisseau à fleurs blanchâtres, rouges, &c. suivant la variété.

Jasminoïde de la Chine, *Lycium Sinense*, J. fleur bleuâtre.

Jasminoïde de la Chine, à large feuille, *Lycium Sinense latifolium*, J.

Tous meilleurs dans les remises que dans les jardins, parce qu'ils tracent beaucoup.

Jasminoïde du Pérou, odeur de Lilas, *Lycium Peruvianum* : espalier au midi : couvrir dans les gelées, qu'il craint encore plus que les autres Jasminoïdes.

IF, *Taxus baccata* : grand arbre toujours vert. Semences, marcottes.

ITEA de Virginie, *Itea Virginica.*

KALMIA à larges feuilles, *Kalmia latifolia.*

Kalmia à feuilles étroites, *Kalmia angustifolia.*

LAURÉOLE, *Daphne Laureola* : arbuste toujours vert. Semences, drageons.

LAURIER FRANC, *Laurus nobilis* : grand arbuste toujours vert. Semences, marcottes ; craint les fortes gelées.

LAURIER - CERISE, *Prunus Lauro - Cerasus* :

grand arbuste toujours vert ; grappes de fleurs blanches, printems.

Laurier-Cérise panaché de blanc, de jaune, *Prunus Lauro-Cerasus variegatus.* Semences, marcottes ; greffes sur franc.

Laurier de Portugal, Azarero, *Prunus Lusitanica :* grand arbrisseau toujours vert. Semences, marcottes.

Laurier-Tin, *Viburnum Tinus :* arbrisseau toujours vert ; bouquets de fleurs blanches, automne, hiver, printems. Marcottes, drageons ; craint les grands froids.

Laurier Alexandrin, *Ruscus racemosus :* arbrisseau toujours vert, variété du Houx-Frélon. Semences, drageons.

LIERRE, *Hedera helix :* arbrisseau toujours vert.

Lierre panaché, *Hedera helix variegata.*

Lierre en arbre.

Semences, marcottes.

LILAS blanc, violet, *Syringa vulgaris.*

Lilas de Marly, plus coloré, *Syringa vulgaris violacea. J.*

Lilas à feuille panachée de blanc, de jaune, *Syringa variegata :* arbrisseau de printems.

Lilas de Perse, *Syringa Persica,* à feuille entière, à fleur blanche, à fleur rouge.

Lilas de Perse à feuille découpée, *Syringa Persica laciniata. J.*

Arbuste ; marcottes, drageons.

MAGNOLIA, Laurier-Tulipier, *Magnolia grandiflora.*

Magnolia bleu, *Magnolia glauca.*

Magnolia ruſtique, *Magnolia acuminata.*

Magnolia ombrella, *Magnolia tripetala.*

Arbuſte à grandes fleurs blanches odorantes. Semences, marcottes; bien expoſer; mieux en Orangerie.

MAHALEB, Bois de Sainte-Lucie, *Prunus Mahaleb :* arbre moyen ; petites fleurs blanches très-odorantes ; printems. Semences, marcottes, greffes ſur Mériſier.

MARCEAU, *Salix caprea.*

Marceau panaché, *Salix variegata.*

Grand arbuſte. Semences, marcottes, boutures.

MARONNIER d'Inde, *Æſculus Hyppocaſtanum.* Grand arbre à fleurs blanches au printems.

Maronnier d'Inde panaché, *Æſculus Hyppocaſtanum variegatum.*

Semences ; greffer le panaché.

MÉLÈSE d'Europe, *Pinus larix :* arbre : pluſieurs variétés diſtinguées par la couleur du bois & du fruit.

Mélèſe de Sybérie, *Pinus larix Sybirica.* J. plus tortueux.

Mélèſe rouge d'Amérique, *Pinus larix rubra.*

Semences, terre ſablonneuſe, ombre.

MELIANTHE d'Amérique, *Melianthus major :* arbuſte, épi de fleurs rouges. Drageons ; pied d'un mur au midi.

MERISIER

Merisier à fleur double, *Cerasus sylvestris multiplex* : arbre à belles fleurs blanches très-doubles, printems. Greffe sur Merisier.

Merisier à grappes, *Prunus Virginiana* : petit arbre, fruit rouge, fruit noir. Semences, drageons, greffe.

Micocoulier commun, *Celtis Australis* : gr. arbre. Semences.

Micocoulier du Levant, *Celtis Orientalis*.

Micocoulier (grand), *Celtis Occidentalis*. Greffe ; bon terrein frais.

Millepertuis en arbre, *Hypericum frutef-cens*. J. Arbrisseau à fleur jaune, juin & juillet.

Millepertuis à odeur de Bouc, *Hypericum hircinum*.

Millepertuis d'Espagne, *Hypericum Hispanicum*.

Millepertuis de Kalme, *Hypericum Kalmianum*. Ombre ; terrein frais, sableux.

Murier blanc, *Morus alba* : petit arbre.

Murier rose ou d'Italie, *Morus Italica*. J. Semences, marcottes.

Murier à papier, de la Chine, *Morus papyrifera*.

Murier de Constantinople, *Morus Constantinopolitana*.

Murier de Canada, *Morus Canadensis*. Grand arbrisseau ; beau feuillage bien découpé, sur-tout dans la jeunesse. Racines.

Nefflier de Virginie, à feuille d'Arbousier, *Mespilus Arbutifolia*. Semences, greffe sur épine.

Nefflier des Alpes, *Mespilus Chamæmespilus*: petit arbrisseau; fleur rose en bouquet. Greffe sur épine.

Nez-coupé, faux Pistachier, Patenotrier, *Staphylæa pinnata*: arbuste à grappes de fleurs blanches, en mai: fruit singulier.

Nez-coupé de Virginie, *Staphylæa trifoliata*. Semences, marcottes.

Noisetier de Bisance; *Corylus Colurna*: grand arbre d'alignement. Greffe.

Noyer commun: *Juglans regia*: grand arbre utile par le bois & le fruit.

Noyer de la Saint-Jean, *Juglans regia serotina*. J.

Noyer Pacannier, *Juglans olivæformis*. J.

Noyer noir, de Virginie, *Juglans nigra*.

Noyer noir, à fruit visqueux, *Juglans nigra aspera*. J.

Noyer blanc d'Amérique, *Juglans alba*.

Noyer ickeri, *Juglans compressa*.
    Semences, greffes.

Obier des bois, *Viburnum opulus*: arbuste; fleurs blanches, printems.

Obier Pimina des Anglois, *Viburnum Canadense*. J.
    Semences, greffe, marcottes.

Obier double, Boule de neige, Rose de Gueldre, *Viburnum opulus sterilis*. J. Marcottes, drageons.

OLIVIER franc, *Olea Europæa sativa*. J. Semences, marcottes, éclats ; bien exposer ; couvrir dans les grands froids.

OLIVIER de Bohême, *Eleagnus angustifolia* : petit arbre ; petites fleurs jaunes très-odorantes, en juin. Marcottes, boutures.

ORME, *Ulmus campestris* : grand arbre.

Orme à large feuille, *Ulmus latifolius*. J. Semences, marcottes, drageons.

(Le jeune plant se vend au millier par mêlange.)

Orme d'Amérique, feuille blanche en dehors, *Ulmus Americanus*. J.

Orme crénelé de Sybérie, *Ulmus polygama*.

—Thé de l'Abbé Galois, *Ulmus pumila*.

OSIER bleu, *Salix glauca*.

Osier jaune, *Salix vitellina*.

Osier rouge, *Salix rubens*.

Semences, marcottes, boutures.

PALIURE, Porte-chapeau, Argalou, *Rhamnus Paliurus* : arbrisseau épineux ; fleurs jaunes odorantes, en juin & juillet ; graines singulières. Semences & marcottes.

PAVIA rouge, *Æsculus Pavia*.

Pavia jaune, *Æsculus flava*.

Grand arbuste. Semences ; greffé sur Maronnier d'Inde.

PÊCHER à fleur double, *Amygdalus Persica multiplex*. I 2

Pêcher à fleur semidouble portant fruit : belles fleurs au printems.

Pêcher nain, *Amygdalus Persica pumila.* Greffe.

Périploca, *Periploca Græca.* Plante sarmenteuse propre pour les tonnelles ; fleurs abondantes, en juillet. Semences, drageons.

Peuplier blanc des bois, & Blanc de Hollande, *Populus alba.*

Peuplier Tremble, *Populus tremula.*

Peuplier d'Athènes, *Populus Athenea.*

Peuplier noir, *Populus nigra.*

Peuplier noir d'Italie, *Populus nigra Italica.*

Peuplier liard, *Populus viminea.* J.

Peuplier Baumier, Tacamahaca, *Populus balsamifera.*

Peuplier de Caroline, *Populus Heterophylla.*

Peuplier de Virginie, *Populus Virginiana.* J.
Grands arbres. Marcottes, boutures, drageons ; terrein frais ou humide.

Phlomis, *Phlomis fruticosa* : sous-arbrisseau fleur jaune, été. Semences ; le plant fleurit la deuxiéme année.

Platane d'Orient, Main-découpée, *Platanus Orientalis.*

Platane d'Occident, ou de Virginie, *Platanus Occidentalis.*

Platane à feuille d'Erable, *Platanus Acerifolius.* J.
Beaux arbres. Semences, marcottes, boutures ; terrein frais.

Pin, *Pinus fylveftris.*

Pin Pignon, *Pinus Pinæa.*

Pin du Lord Weimouth, *Pinus Strobus.*

Pin d'Ecoffe, *Pinus Pinafter.*

— Plufieurs autres variétés dont les noms font incertains.

Grands arbres toujours verts. Semences à l'ombre.

Poirier à fleur double, *Pyrus communis multiplex. N.* Greffe.

Pommier d'Aftracan, toujours vert, *Pyrus malus fempervirens. J.*

Pommier odorant, *Pyrus malus coronaria.*

Pommier odorant de Sybérie, *Pyrus malus Hybrida. J.*

Fort - petits arbres.

Pompadoura, *Calycanthus floridus :* arbriffeau; fleur purpurine, été. Marcottes; bon terrein frais, ombre.

Pourpier de mer, *Atriplex Halimus :* arbriffeau toujours vert. Marcottes, boutures.

Prunier à fleur double, *Prunus infititia multiplex. N.* Greffe.

Ptelea, *Ptelea trifoliata :* arbriffeau; fruit fingulier. Semences, marcottes.

Pyracantha, Buiffon ardent, *Mefpilus Pyracantha :* bel arbufte ▬▬▬▬ets de fleurs blanches au printems, & de fruits rouge-vif en automne. Semences, marcottes.

Quintefeuille en arbufte, *Potentilla fruti-*

cofa : fleur d'un beau jaune, en mai. Drageons.

RAGOUMINIER, *Prunus Canadenfis* : petit arbufte ; fleur blanche, printems. Marcottes, greffe.

RADOU, ou Redoul des Provençaux, *Coriaria Mythifolia* : arbufte. Drageons.

RAISIN de mer, *Ephedra diftachia* : arbriffeau farmenteux. Drageons, marcottes.

RHAMNOÏDE, *Hyppophae Rhamnoïdes* : arbriffeau ; feuille argentée. Semences, drageons, boutures.

RHODODENDRON, petit Laurier-Rofe des Alpes *Rhododendron ferrugineum.*

Rhododendron (grand), *Rhododendron maximum.*

Arbufte à fleur rouge odorante ; fable noir, humide ; ombre.

ROMARIN, *Rofmarinus officinalis* : arbriffeau toujours vert.

Romarin panaché de jaune, *Rofmarinus variegatus.*

Marcottes, boutures, pieds éclatés ; ferrer le panaché.

RONCE à fleur double, *Rubus fruticofus multiplex.*

Ronce ██████████ de Saint-François, fans épines, *Rubus inermis. J.*

Marcottes, drageons.

ROSIER à cent feuilles, *Rofa centifolia.*

Rosier de Bordeaux, *Rosa centifolia minor*. N.

Rosier mousseux , *Rosa muscosa* : l'enveloppe de la fleur est garnie de mousse.

Rosier de Bourgogne , *Rosa Burgundiaca ;* fleur la plus petite, plus rouge au centre que par les bords.

Rosier de Meaux , de Champagne , grosse Bourgogne , *Rosa Meldensis.* N.

Rosier Princesse, Rose-ponceau , *Rosa rubiginosa.* JACQ. jaune en dedans , rouge en dehors.

Rosier jaune , *Rosa lutea*. J.

Rosier jaune double , *Rosa lutea multiplex*.

Rosier Canelle , *Rosa Cinnamomea*.

Rosier à gros-cul , *Rosa Francofurtensis*. J.

Rosier des quatre saisons , fleur rouge , fleur blanche , *Rosa semperflorens*. J.

Rosier de Hollande , *Rosa maxima*. J.

Rosier de Provins , *Rosa Gallica*.

Rosier de Provins, grosse double , *Rosa Gallica inodora multiplex.* N.

Rosier de Provins , petite double , *Rosa Gallica inodora multiflora.* N.

Rosier à fleur panachée d'Angleterre , *Rosa versicolor*. J.

Rosier sans épines, à fleur simple , *Rosa alpina*.

Rosier sans épines , à fleur double , *Rosa alpina multiplex.*

Rosier Muscat , ou d'Alexandrie , simple, double , *Rosa moschata*. J.

Rosier à fleur blanche, *Rosa alba*, &c. &c.
Marcottes, drageons, greffe sur franc.
SABINE mâle, fémelle, *Juniperus Sabina*.
Sabine panachée, *Juniperus Sabina variegata*. J.
arbuste toujours vert. Marcottes, boutures;
ombre.
SAPIN, *Pinus Picea*.
SAPINETTE blanche, *Abies brevifolia*. J.
Sapinette noire, *Abies purpurascens*. J.
Sapin à feuille d'If, *Abies Canadensis*. J.
Arbres toujours verts. Semences.
SAULE commun, *Salix alba*.
Saule de Babylone, du Levant, du Grand-
Seigneur, pleureur, *Salix Babylonica*.
Saule odorant, à feuille de Laurier, *Salix
pentandra*.
Saule à feuille de Myrthe, *Salix Myrsinites*.
Saule de Saint-Léger, *Salix arenaria*. Ces
deux derniers ne font que de petits arbustes
rampants.
Marcottes, boutures, greffes; terrein hu-
mide.
SENEÇON en arbrisseau, *Baccharis Halimifolia*.
Marcottes, boutures, bon terrein frais.
SNAUDRAP des Anglois, Arbre de neige, *Chio-
nantus virginicus* : arbrisseau; fleur blanche,
en été. Greffe sur Frêne; bon terrein.
SORBIER des oiseaux, *Sorbus aucuparia*.
Sorbier de Laponie, *Sorbus aucuparia Hybrida*:
petit arbre; beaux bouquets de fleurs blan-

ches au printems. Semences ; greffe fur les Mefpilus.

Souci en arbre , *Othonna cheirifolia* : arbufte toujours vert. Marcottes , boutures ; mieux en pot.

Spiræa à feuille de Saule , fleur blanche ; *Spiræa Salicifolia alba. J.*

Spiræa (le même) à fleur rouge, *Spiræa Sali- cifolia purpurea. J.*

Spiræa à feuille blanche en dehors , *Spiræa tomentofa.*

Spiræa à feuille de Millepertuis , *Spiræa Hy- pericifolia.*

Spiræa crénelé , *Spiræa crenata.*

Spiræa à feuille d'Obier , *Spiræa Opulifolia.* Jolis arbuftes à fleurs, en mai & juin. Mar- cottes, drageons enracinés.

Sumac à feuille d'Orme , Rouvre des Cor- royeurs , *Rhus coriaria* ; fleur blanc-fale.

Sumac de Virginie , *Rhus Typhinum :* pani- cule rougeâtre.

Sumac de Canada , à feuilles blanches en dehors , & panicule verdâtre, *Rhus Cana- denfe. J.* Semences & traces.

Sumac à fleur verte, *Rhus viridiflorum.*

Sumac à bois liffe , *Rhus glabrum.*

Sureau commun, *Sambucus nigra*

Sureau panaché de blanc , de jaune , *Sam- bucus nigra variegata.*

Sureau à fruit vert, *Sambucus nigra virescens.* J.

Sureau à feuille découpée, *Sambucus nigra laciniata.*

Sureau à grappes, *Sambucus racemosa.*
Arbrisseaux à fleurs blanches, en juin. Semences, marcottes, boutures.

Symphoricarpos, *Lonicera Symphoricarpos* : arbuste ; fleurs en septembre. Traces.

Syringa, *Philadelphus coronarius* : arbrisseau à fleurs blanches trop odorantes, en mai & juin.

Syringa nain, *Philadelphus humilis.* J. arbuste ; fleurit rarement. Drageons.

Tamarisc d'Allemagne, *Tamariscus Germanica.*

Tamarisc de Narbonne, *Tamariscus Narbonensis.* Arbrisseaux verts. Marcottes ; boutures ; terrein léger.

Thé à foulon du Japon, *Psoralea glandulosa* : arbrisseau ; épis de fleurs violettes, été. Semences, bon terrein ; bonne exposition ; abri dans les gelées.

Thuya de Canada, Arbre de vie, *Tuya Occidentalis* : arbre toujours vert. Semences, marcottes ; terrein humide.

Thuya de la Chine, *Tuya Orientalis.*
Semences ; tout terrein.

Thymelée des Alpes, *Daphne Cneorum* : petit arbuste ; belles fleurs purpurines odorantes, premier printems & automne. Marcottes ;

quelquefois femences auffi-tôt leur maturité.

Tilleul des bois, *Tilia Europæa.*

Tilleul de Hollande, *Tilia Hortenfis. J.*

Tilleul de Canada; à larges feuilles, *Tilia Americana.*

Grands & beaux arbres. Semences, marcottes.

Toute-saine, *Hypericum Androfemum :* arbufte à fleur jaune, été. Drageons.

Toxicodendron, *Rhus Toxicodendron :* arbre cauftique & dangereux à toucher. Drageons.

Troene, *Lyguftrum vulgare :* arbriffeau à grappes de petites fleurs blanches au printems; prefque toujours vert. Semences, marcottes, drageons.

Tulipier de Virginie, *Loriodendron Tulipifera :* bel arbre par fon feuillage, & fes fleurs de forme de Tulipes renverfées. Semences de la Louifiane ; marcottes.

Vernis du Japon, *Rhus Succedaneum :* bel arbre, pouffe vigoureufement. Traces.

Vernis (vrai), *Rhus vernix :* grand arbriffeau.

Viorne, Coudre moinfine, *Viburnum Lantana.*

Viorne panaché, *Viburnum Lantana variegata.*

Viorne à feuille dentelée, *Viburnum dentatum.*

Viorne à feuille de Poirier, *Viburnum Pyrifolium.*

Vïorne à feuille de Prunier, *Viburnum Pruni-folium.*

Viorne à belle feuille, *Viburnum lentago.*

Viorne nudiflore, *Viburnum nudum.*

Vïörne à feuille de Caſſiné, *Viburnum Caſſi-noïdes.*

XYLOSTEON, *Lonicera Pyrenaïca* : arbuſte à fleurs couleur de chair, fin de mai. Marcotes, greffes ; terrein léger.

YUCCA de pleine terre, *Yucca glorioſa* : fleurs blanches en cloche, juin & juillet. Drageons enracinés ; terrein ſablonneux.

V.

Arbres , Arbriſſeaux , & Plantes d'Orangerie.

ACACIA de Farnèſe, Caſſie du Levant, *Mimoſa Farneſiana* : feuilles d'un beau vert : fleurs jaunes odorantes. Semences des Pays méridionaux, en terrine ſur couche.

ADATHODA, Noyer des Indes, *Juſticia Adathoda* : beau feuillage ; fleurs blanches. Marcottes, boutures en mai ; eau.

ALOÈS Perroquet panaché, *Aloë variegata.*

Aloës pitte.

Aloës puant.

Aloës à épines molles ; & pluſieurs autres variétés.

ANAGYRIS, Bois-puant, *Anagyris fœtida :* fleurs jaunes, en mai & juin. Semences du Languedoc.

AZEDARAC, Lilas des Indes, *Melia Azedarach:* grappes de fleurs odorantes d'un violet tendre, en juin & juillet.

Azedarac (grand), *Melia Azadirachta :* plus grand dans toutes ses parties ; fleurit plus rarement. Semences, drageons.

BAGUENAUDIER d'Ethiopie, *Colutea frutefcens:* fous-arbriffeau trifannuel ; jolies fleurs. Semences, drageons.

BARBA-JOVIS, *Anthyllis Barba Jovis :* feuilles de Faux-Acacia ; épis de fleurs d'un violet-foncé parfemé de points jaune-doré. Marcottes, boutures, drageons.

BRUYERE du Cap de Bonne-Efpérance, *Phylica ericoïdes* : très-joli arbriffeau ; fleurs blanches tout l'hiver. Marcottes, boutures.

CAROUBIER, *Ceratonia Siliqua :* arbufte toujours vert, peu arrofer. Marcottes.

CAMARA, *Lantana aculeata ;* quatre variétés diftinguées par les couleurs des fleurs, en feptembre & octobre. Il eft plus fûr de le femer tous les ans, & de le traiter en plante ann. parce qu'il ne paffe bien l'hiver qu'en ferre chaude.

CARACOLLE, *Phafeolus Caracalla :* arbufte grimpant ; fleur rofe & blanche odorante, automne. Marcottes, boutures.

CHAMÆDRIS à odeur de Pomme de Reinette, *Teucrium odoratum :* pet. pl. Pieds éclatés.

CISTE à feuille de Sauge, *Cistus Salvifolius :* fleur blanche.

Ciste crêpu, fleur rouge, *Cistus crispus.*

Ciste incane, fleur rouge, *Cistus albidus :* belles & grandes fleurs à la fin de mai. Semences.

CORONILLE, *Coronilla glauca :* sous-arbrisseau à fleurs jaunes odorantes. Semences, marcottes.

FICOÏDE à doigt d'enfant, *Mesymbrianthemum verruculatum :* & plusieurs autres especes distinguées par les feuilles & les fleurs ; plantes grasses. Boutures des feuilles ; terre seche.

GERANIUM, Bec-de-grue, en arbrisleau, fleur couleur de Cerise, gros bois, grande fleur, *Geranium inquinans.*

Geranium couleur de feu & violet, *Geranium Zonale.*

Geranium à fleur en papillon, grande feuille de Mauve, fleur striée, *Geranium papilionaceum.*

Geranium à feuille en entonnoir, panicule de fleurs gris-de-lin, *Geranium cucullatum.*

Geranium à odeur de Carline, *Geranium cucullatum majus.*

Geranium à feuille de Lierre, *Geranium peltatum.*

Geranium à feuille de Vigne, fleur gris-de-lin, *Geranium vitifolium*.

Geranium Rosa des jardiniers, fleur rouge, *Geranium capitatum*.

Geranium visqueux, fleur gris-de-lin mouchetée, *Geranium viscosum. J.*

Geranium à odeur d'épice, *Geranium odoratissimum*.

Geranium triste, fleur rembrunie peu apparente, d'une odeur très-agréable, *Geranium triste*.

Semences sur couche ; boutures en mai ; eau.

GRENADIER à fleur double, *Punica granatum multiplex*.

Grenadier à petite fleur double.

Grenadier nain d'Amérique, *Punica nana :* fleurs simples, très-nombreuses.

Marcottes, drageons ; greffe sur franc.

GUIMAUVE d'Espagne en arbre, *Lavatera olbia :* fleur rose. Semences. Cet arbrisseau passe quelquefois en pleine terre.

HELIOTROPE du Pérou, *Heliotropium Peruvianum :* jolie plante vivace à fleurs en aigrettes violet-tendre, odeur de Vanille, été, automne, hiver. Semences au printems, peu couvertes, toujours entretenues humides ; marcottes, boutures.

JASMIN d'Espagne, *Jasminum grandiflorum :* belles fleurs blanches, le revers rouge. Mar-

cottes, boutures, greffe en fente sur lé Jafmin commun.

Jasmin Jonquille, *Jasminum odoratiſſimum* :
fl. jaunes odorantes. Semences, marcottes.

Jasmin d'Arabie, ou des Indes, *Nyctanthes
Sambach* : fleurs blanches odorantes ; mieux
en ferre chaude.

Jasmin des Açores, *Jasminum Azoricum* : petites fleurs blanches odorantes. Marcottes.

IMMORTELLE du Levant, *Gnaphalium Orientale* : ſa fleur ſe conſerve très-long-tems.
Boutures.

Petite Immortelle jaune odorante, ou Stæchas
citrin, *Gnaphalium Stæcas*.
Semences, boutures.

LAURIER Roſe, *Nerium Oleander* : arbuſte
toujours vert à fleurs rouges.

Laurier Roſe à fleurs blanches.

Laurier Roſe à fleur double, *Nerium Oleander odoratum. J.*
Marcottes, pieds éclatés.

LUSERNE en arbre, *Medicago arborea* : arbris-
ſeau à feuille blanchâtre, fleur jaune. Semences, marcottes.

MARJOLAINE à coquille, *Origanum Smyr-
neum* : jolie plante vivace ; fleurs peu appa-
rentes. Boutures, pieds éclatés.

MAUVE en arbre, *Lavatera arborea* : paſſe
quelquefois en pleine terre en bonne expo-
ſition. Semences.

MELIANTHE

Melianthe d'Afrique, *Melianthus minor :* ar-brisseau ; fleurit rarement. Boutures & drageons.

Myrthe Romain, *Myrthus communis Romana.*

Myrthe à fleur double, *Myrthus communis multiplex.*

Myrthe moyen, *Myrthus communis Belgica.*

Myrthe moyen panaché, *Myrthus Belgica variegata.*

Myrthe de Tarente à feuille d'If, *Myrthus communis mucronata.*

    Semences, marcottes, boutures, greffe.

Oranger Citronnier, *Citrus Medica.*

Oranger Cedrat, *Citrus medica Cedra.*

Oranger Lime douce, *Citrus medica Limon.*

Oranger de Florence, *Citrus Limon Florentinus.*

Oranger Sauvageon, *Citrus aurantium.*

Oranger de Portugal, *Citrus Olyssyponense.* J.

Oranger Bigarade couronnée, *Citrus coronatum.* J.

Oranger Bigarade violette, *Citrus violaceum.* J.

Oranger Riche-dépouille, *Citrus multiflorum.* J.

Oranger Turc, *Citrus lunatum.* J.

Oranger Chinois, *Citrus Sinense.* J.

Oranger Pompoleum, ou Pompadour, *Citrus Pompoleum.* J.

Oranger Bergamotte, *Citrus Bergamium.* J.

Oranger Pampelmous, *Citrus Pampelmous.*

    &c. &c. Greffe en écusson.

K

PERVENCHE de Madagafcar, *Vinca Rofea ;* plante vivace à fleurs très-brillantes, prefque toute l'année : elle ne paffe qu'en ferre chaude ; plus sûr de la traitter en plante annuelle, & de la femer tous les ans.

QUEUE de Lion, *Phlomis Leonurus* : joli arbriffeau ; fleurs aurore verticillées. Marcottes, boutures ; peu arrofer en hiver ; placer au foleil fur le devant de la ferre.

SOLANUM de Buenos-Aires, *Solanum Bonarienfe* : arbufte à belles fleurs blanches, tout l'été.

Solanum amomum, *Solanum pfeudocapficum* : arbriffeau à beaux fruits rouges. Semences, marcottes, drageons.

TARASPIC d'hiver, *Iberis femperflorens* : pl. vivace à fleurs blanches prefque toute l'année. Marcottes, boutures.

TREFLE bitumineux, *Pforalia bituminofa* : fous-arbriffeau à fléur bleue, prefque toute l'année. Semences.

Nous enrichirions ce Chapitre d'un fort grand nombre d'autres Arbriffeaux & Plantes, fi dans les climats qui ne font pas plus tempérés que Paris, ils pouvoient facilement paffer l'hiver dans l'Orangerie ; où il fera prudent de ferrer la plûpart des Arbriffeaux & Arbuftes du Chapitre précédent que nous avons recommandé d'abriter & de bien expofer.

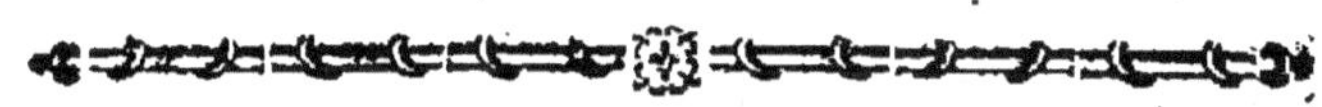

V I.

Graines d'usage en nature.

ABSINTHE, *Artemisia Absynthium.*
Ache, *Apium graveolens.*
Ache de Montagne, *Ligusticum levisticum.*
Agnus - castus, *Vitex Agnus-castus.*
Aigremoine, *Agrimonia Eupatorium.*
Alpiste, *Phalaris Canariensis.*
Ammi, *Ammi majus.*
Ancholie, *Aquilegia vulgaris.*
Anet, *Anethum graveolens.*
Angélique, *Angelica Archangelica.*
Anis, *Pimpinella Anisum.*
Armoise, *Artemisia vulgaris.*
Arroche, *Artiplex hortensis.*
Asperge, *Asparagus officinalis.*
Bardane, *Arctium lappa.*
Basilic, *Ocymum Basilicum.*
Baume du Pérou, *Trifolium Melilotus cœrulea.*
Bourrache, *Borrago officinalis.*
Buglose, *Anchusa officinalis.*
Camœline, *Myagrum sativum.*
Carotte sauvage, *Daucus Carota.*
Cartame, *Carthamus tinctorius.*
Carvi, *Carum Carvi.*
Chardon béni, *Centaurea benedicta.*
Chardon à foulon, *Dipsacus fullonum cam-*
    pestris.

Chêne (glands), *Quercus Robur.*
Chervis, *Sium Sifarum.*
Chicorée, *Cichorium endivia.*
Chou, *Braffica oleracea.*
Ciguë, *Conium maculatum.*
Citron (pepin), *Citrus medica.*
Concombre fauvage, *Momordica Elaterium.*
Coriandre, *Coriandrum fativum.*
Creffon alenois, *Lepidium fativum.*
Cumin, *Cuminum Cyminum.*
Daucus de Crete, *Athamanta Cretenfis.*
Epine-vinete, *Berberis vulgaris.*
Epurge, *Euphorbia Lathyrus.*
Faine (fruit du Hêtre), *Fagus Sylvatica.*
Fenouil doux, *Anethum Fœniculum.*
Fenouil de Florence, *Anethum Florentinum.*
Fenugrec, *Trigonella fœnum græcum.*
Frêne, *Fraxinus excelfior.*
Gaude, *Refeda Luteola.*
Génièvre, *Juniperus communis.*
Gremil, *Lithofpermum officinale.*
Guimauve, *Althæa officinalis.*
Hieble (fruit & graine mondée), *Sambucus Ebulus.*
Houblon, *Humulus Lupulus.*
Houx (bayes), *Ilex Aquifolium.*
Julienne, *Hefperis Matronalis.*
Jufquiame, *Hyofcyamus niger.*
Laitue, *Lactuca fativa.*
Larme de Job, *Coix Lachryma Jobi.*
Lavande, *Lavandula Spica.*
Laurier (bayes), *Laurus nobilis.*
Lierre, *Hedera Helix.*

Lin , *Linum ufitatiffinum.*
Lupin , *Lupinus albus.*
Lys (oignon) , *Lilium candidum.*
Marjolaine , *Origanum Majorana.*
Mauve , *Malva rotundifolia.*
Meliffe , *Meliffa officinalis.*
Millepertuis , *Hypericum perforatum.*
Millet , *Panicum miliaceum.*
Moldavique , *Dracocephalum Moldavica.*
Myrthe (bayes) , *Myrthus communis.*
Navet fauvage , *Braffica Napus.*
Nerprun , Gr. d'Avignon , *Rhamnus infectorius.*
Nielle fauvage , *Agroftema Githago.*
Œillet à ratafia , *Dianthus Caryophyllus.*
Orange (pepins) , *Citrus Aurantium.*
Orme , *Ulmus campeftris.*
Orobe , *Orobus vernus.*
Ortie blanche , *Lamium album.*
Ortie noire , *Urtica dioïca.*
Ortie Romaine , *Urtica pilulifera.*
Orvalle , *Salvia Sclarea.*
Panais fauvage , *Paftinaca fylveftris.*
Panis , *Panicum Italicum.*
Patience , *Rumex Patientia.*
Pavot blanc , *Papaver fomniferum album.*
Pavot œillette , *Papaver fomniferum nigrum.*
Perfil , *Apium Petrofelinum.*
Perfil de Macedoine , *Bubon Macedonicum.*
Piment , *Capficum groffum.*
Pin , *Pinus Pinæa.*
Pivoine mâle , *Pæonia officinalis mafcula.*
Pivoine femelle , *Pæonia officinalis fœminea.*
Plantain , *Plantago major.*

Pois chiche blanc, *Cicer arietinum.*
Pois chiche rouge de Provence.
Pourpier vert, *Portulaca oleracea.*
Psillium, *Plantago Psillium.*
Rave, *Brassica rapa.*
Ricin, *Ricinus communis.*
Romarin, *Rosmarinus officinalis.*
Roquette, *Brassica Eruca.*
Rue, *Ruta graveolens.*
Scarole, *Cichorium endivia latifolia.*
Sénévé, *Sinapis nigra.*
Seseli de Marseille, *Seseli tortuosum.*
Soleil, *Helianthus annuus.*
Staphisaigre, *Delphinium Staphisagria.*
Sureau, *Sambucus nigra.*
Talitron, *Sisymbrium Sophia.*
Tanaisie, *Tanacetum vulgare.*
Thé du Mexique, *Chenopodium ambrosioïdes.*
Thim, *Thymus vulgaris.*
Tilleul, *Tilia Europæa.*
Tlaspi, *Thlaspi campestre.*
Troëne, *Ligustrum vulgare.*
Verveine, *Verbena officinalis.*
Violette, *Viola odorata.*
Violier jaune, *Cheiranthus cheiri.*

❖❖❖

Semences froides mondées.

MELON, *Cucumis Melo.*
Concombre, *Cucumis sativus.*
Courge, *Cucurbita lagenaria.*
Citrouille, *Cucurbita Pepo oblongus.*
Potiron, *Cucurbita Pepo rotundus.*

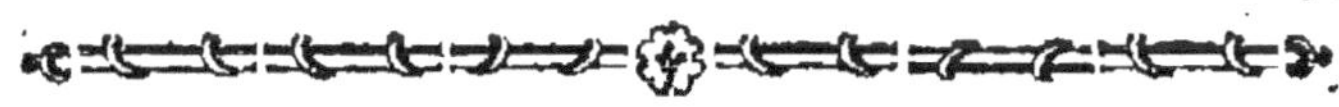

V I I.

Fourages & Plantes de grande culture.

THIMOTY des Anglois, gr. Maſſerre, *Phleum pratenſe.* Labourez, & ameubliſſez bien un terrein humide ou même marécageux. Depuis mars juſqu'à la fin de ſeptembre ſemez quatre livres de graine par arpent (de 900 toiſes quarrées) mêlée avec de la terre ou du ſable, parce qu'elle eſt très-fine ; ou avec trois boiſſeaux d'Avoine ; ou avec de l'Eſcourgeon, ſi vous ſemez à la fin de l'été. Herſez légèrement, afin que la graine ſoit peu recouverte.

On fauche deux fois par an, auſſi-tôt que l'épi commence à paroître, ce fourage très-abondant, & excellent pour les chevaux, & tous les beſtiaux, qu'on peut laiſſer paître dans le pré après la ſeconde coupe. Une prairie de Thimoty dure au moins 12 ans.

RAY-GRASS d'Angleterre, Fromental d'Angleterre, Pain-vin, *Lolium perenne.* Tout terrein, ſec, humide, froid, argilleux, pierreux, ſablonneux, &c. convient à cette Graminée ; mais elle réuſſit & produit incomparablement davantage dans un bon terrein. Ceux qui lui donneront un ſol trop médiocre n'en doivent eſpérer qu'un médiocre ſuccès. Elle mérite d'occuper les meilleures terres, étant d'un très-grand produit ; étant une des meilleures nourritures pour le bétail, & sur-tout pour les moutons, en vert, en sec, en pâture ; son foin (fauché dès-que l'épi est formé) étant très-agréable & très-sain aux chevaux, à qui il donne du feu ; étouffant toutes les mauvaises herbes ; pouvant se couper en vert dès le mois d'avril, grande ressource pour le bétail dans certaines années. Les Anglois bons œconomes font de Ray-graff la plus grande partie de leurs prés & de leurs pâturages.

Le terrein étant bien labouré, dressé, hersé, semez au printems ou en automne 50 livres au moins de graine par arpent (si le terrein n'est que médiocre, il faut plus de graine. Pour cette plante, comme pour toutes les autres, plus le terrein est mauvais, plus il faut de semence) ; hersez & roulez. Si vous vous proposez de faucher au printems & en été, & de faire pâturer les chevaux & le gros bétail en automne, après avoir semé le Ray-graff, semez par dessus 3 livres de grand Trefle rouge, & une livre de petit Trefle blanc ; mais à part, & non mêlées avec la graine de Ray-graff, parce qu'étant beaucoup plus fines, elles ne pourroient se répandre également. Si vous ne voulez faire pâturer que des moutons, ne semez point de Trefle rouge, mais 4 liv. de Trefle blanc. Le Ray-graff empêche le mauvais effet que produit quelquefois le Trefle donné seul). Vous pouvez faire trois coupes par an, si vous ne faites point paître en automne. Le Ray-graff subsiste très-long-

temps, & est d'un rapport étonnant, s'il est
en bon terrein, & fumé ou engraissé tous les
trois ans pendant l'hiver. Il fait de fort beaux
gazons, en doublant la quantité de semence.

RAY-GRASS de France, Fromental de France,
Avena elatior. Il se cultive comme celui d'Angleterre ; ne sert point au pâturage, mais fournit d'excellent foin en grande abondance. Il
faut environ 80 livres de graine par arpent.
On peut le semer mêlé avec de l'Avoine ou
du Trefle noir ; mieux avec du Sain-foin (60
livres de Fromental & 4 boisseaux de Sain-
foin).

*Ces deux fourages se nommant Ray-grass,
ou Fromental, ceux qui nous en demanderont
de la graine voudront bien expliquer si c'est
celui de France, ou celui d'Angleterre qu'ils
demandent.*

GRANDE-PIMPRENELLE, *Poterium Sanguisorba*. Quoiqu'on dise que cette Plante vient dans
les plus mauvais terreins, nous ne conseillons
point de faire des frais de culture & de semence dans un sol qui à peine les rendroit :
cette observation n'est pas pour la Pimprenelle seule. Elle réussit bien dans un terrein
médiocre ; beaucoup mieux dans un bon. Elle
dure au moins 20 ans ; se fauche quatre ou
cinq fois par an, & se pâture tout l'hiver ;
par conséquent est d'un très-grand produit. Le
bétail peut en manger tant qu'il veut, en
vert, ou en sec ; elle le nourrit, rafraîchit,

engraiſſe. Il ne faut cependant le laiſſer entrer dans le champ que quand la roſée eſt paſſée.

Entre pluſieurs méthodes de culture, la plus facile & la plus pratiquée, eſt de ſemer la Pimprenelle au printems, ou mieux en automne, comme on ſeme l'Avoine, & de la herſer de même. Douze livres de graines ſuffiſent pour un arpent. Si le terrein n'eſt pas humide, il eſt bon de ſemer après une pluie. Le plant étant fortifié, on en arrache dans les endroits trop touffus pour regarnir les endroits vuides, s'il s'en trouve. Les engrais ne ſont pas néceſſaires.

Pomme de Terre, *Solanum tuberoſum.* Le grand rapport des Pommes de Terre, & leur utilité pour la nourriture des hommes & des animaux ſont aſſez connus.

Un terrein bon ou amélioré par des engrais étant bien labouré & façonné ; entre la fin de février & la fin d'avril, un laboureur y ouvre un rayon avec la charue ; une perſonne avec un ſemoir ou pannier rempli de Pommes de Terre entières, ou coupées par morceaux garnis d'un ou pluſieurs yeux, ſi elles ſont groſſes, ſuit la charue, & à chacun de ſes pas, qu'il fait de 18 à 20 pouces, il laiſſe tomber une Pomme de Terre dans le rayon. Le laboureur en revenant fait un ſecond rayon qui recouvre les tubercules : le ſemeur le ſuit, ſans ſemer dans ce rayon, mais avec le pied il jette de la terre ſur les Pommes de Terre que la charue peut avoir

manqué de recouvrir. Il semera dans le troisiéme rayon , & on observera le même ordre
dans toute la plantation : de sorte que les Pommes de Terre se trouveront à 18 pouces ou
2 pieds de distance en tout sens. On peut aussi
les planter à la houe ou à la bêche dans de
petites fosses de 6 à 7 pouces de profondeur ;
on rejette dessus deux ou trois pouces de terre.

Le plant ayant 6 ou 8 pouces de hauteur,
il faut le rechausser. En juin ou juillet il est
très-avantageux de le butter de nouveau ; car
de chaque œil des tiges enterré, il sort des racines & des tubercules : ainsi plus ces plantes
font buttées, plus elles produisent.

On recolte les Pommes de Terre en octobre ou novembre, avant les gelées auxquelles
elles sont fort sensibles. On les conserve dans
une cave ou une serre inaccessible à la gelée,
ou en terre dans des fosses profondes, recouvertes de trois pieds au moins de terre.

Il y en a plusieurs variétés ; de grosses, de
petites, de longues, de rondes, de rouges,
de blanches, de pâles, &c.

BLED NOIR de Tartarie, Sarasin de Tartarie,
Poligonum Tartaricum. Ce Bled Noir étran-
ger est plus branchu que le nôtre, plus garni
d'aigrettes de grain, moins sensible aux gelées blanches, plus fort contre les vents & la
pluie qui le renversent rarement, parce que
la tige est presque pleine. Le grain est plus
dur, plus pesant, de meilleure qualité pour
tous les usages ; se conserve plusieurs années

fans s'échauffer, fans contracter de mauvais goût ni de mauvaife odeur, & fans être attaqué par le Charançon.

Il fe feme un peu plûtôt ou plus tard, fuivant que le pays eft plus ou moins méridional, depuis la mi-juin jufqu'à la fin de juillet; & réuffit dans tous les terreins, & à toute expofition, plus ou moins fuivant la qualité, les engrais, & les préparations de la terre.

RABIOULE, Turnep, Tornep, gros Navet, *Brassica Rapa*. La Rabioule, qui paroît être la Ravé des Anciens, eft le plus gros de tous les Navets, ayant jufqu'à 25 ou 26 pouces de tour. La culture en eft d'autant plus avantageufe, qu'elle eft peu difpendieufe; que le produit eft exceffif; que ce Navet eft une excellente nourriture pour le bétail, & fur-tout pour les vaches dont il rend le lait auffi abondant & meilleur dans l'hiver qu'au mois de mai; qu'il fupplée avec avantage aux autres fourages dans la faifon où ils font fort rares; qu'il divife & prépare bien les terres à recevoir le blé; qu'enfin il préferve les beftiaux de la plûpart des maladies que leur caufe le trop long ufage des fourages fecs. Dans toute terre à blé, pourvû qu'elle ne foit ni dure ni pierreufe, mieux dans les terreins légers amendés, profonds, on feme 4 livres de graine par arpent fur le chaume, qu'on herfe & qu'on roule enfuite; ou mieux fur un labour, qu'on herfe & qu'on roule après avoir femé. On peut employer moins de femence; mais comme en juin &

juillet, tems de cette femaille, les pucerons font périr beaucoup de jeune plant, fouvent on eft obligé de réfemer. Lorfque le plant pouffe la çinquiéme ou fixiéme feuille, il faut l'éclaircir, & il eft très-bon de le biner & farcler. Environ un mois après il fera très-utile de faire un fecond binage, & un nouvel éclairciffement, afin que le plant foit à 12 ou 14 pouces au moins de diftance. A la fin de feptembre on peut couper les feuilles, les donner aux beftiaux. En octobre on arrache les Navets ; on les met dans un lieu à l'abri des gelées ; on les donne à manger coupés par morceaux plus ou moins gros, fuivant l'efpéce de bétail. Quelques cultivateurs les font confommer par les moutons fur le terrein même, fans les arracher.

CHOU Turnep, Chou de Laponie, *Braffica Laponica*. Ce Chou - Rave connu depuis peu d'années, préfente les mêmes avantages que la Rabioule ; mais il paroît préférable à plufieurs égards. Il réfifte aux plus grands froids. Les fortes gelées n'interrompent point fa végétation ; de forte que fes feuilles fe coupent trois fois dans l'hiver, & durent jufqu'à la fin d'avril. Ces feuilles nourriffent mieux qu'aucun autre fourage, & même engraiffent toute efpéce de bétail, vaches, cochons, moutons, &c.

En octobre retournez par un labour le chaume de blé ou d'avoine ; en mars donnez un fecond labour ; jufques vers la fin de mai

donnez encore deux façons, & herfez. Il feroit
bon de fumer entre les deux premiers labours ;
nulle récolte ne paie mieux la dépenfe des
engrais.

Au printems femez la graine fur couche
(environ 3 onces pour arpent). Vers le commencement de juin plantez le jeune plant dans
le terrein préparé, en rayons faits à la charue,
efpacé d'environ 2 pieds en tout fens ; farclez
& binez. Vous pourrez commencer à couper
en novembre ou décembre.

CHOU à Vaches, *Braffica Vaccina*. Dans les
cantons où la pâture eft rare pendant l'été,
ce Chou eft d'une grande reffource. On feme
la graine en juillet ou août ; on met en place
le jeune plant avant l'hiver, ou au printems,
en bonne terre fumée, à 18 ou 22 pouces de
diftance en tout fens. Il naît fur la tige (qui
s'alonge jufqu'à 7 ou 8 pieds) un grand nombre de feuilles. A mefure qu'elles acquierent
leur grandeur, on les cueille, & on les donne
aux vaches dont elles augmentent beaucoup
le lait ; on les hache groffièrement, on les
faupoudre de fon, & on met le tout dans des
lavûres ou du lait écrêmé, pour nourrir les
cochons ; on les donne de même aux dindons,
canards & autres volailles, mais hachées plus
menu ; enfin lorfque l'hiver a attendri les feuilles, on les met au pot, & elles font plus agréables à manger que celles de la plûpart des autres Choux-verts, parce qu'elles n'en ont jamais le goût de mufc. Pendant un an entier

il ne cesse de produire des feuilles. Au printems il monte en graine, on réserve le nombre qu'on destine à cet usage ; on mange les autres comme brocolis ; ils sont assez bons.

CAROTTE, *Daucus Carota*. Les anciens prés défrichés, les terreins frais ou même un peu humides, sablonneux, & très-profonds sont les plus propres pour la Carotte. Un labour très-profond avant l'hiver, un second léger après l'hiver, dresser & bien herser le terrein, y semer la graine depuis la mi-mars jusqu'à la mi-avril, suivant que la terre est plus légère ou plus forte, à la volée, ou en rayons espacés de 10 à 12 pouces ; bien rouler, ou marcher ; sarcler, éclaircir le plant s'il est trop épais. (On peut pendant l'été couper deux fois les feuilles pour les donner aux bestiaux). Avant les grands froids, vers la fin de décembre, arracher les Carottes, par un tems sec, les mettre dans une serre ou cave à couvert des fortes gelées ; ou creuser une fosse de 7 à 8 pieds de profondeur en terrein sec ; y ranger les Carottes par lits séparés avec un peu de paille ; rejetter par dessus une épaisseur de 3 ou 4 pieds de la terre de la fouille bien marchée & foulée. Personne n'ignore combien la Carotte est propre à engraisser & à nourrir tous les animaux, & comment on l'emploie à ces usages, tant cuite que crue. Les chevaux mêmes s'en accommodent fort bien.

Escourgeon, Orge carrée, *Hordeum hyber-
num.* Le terrein étant préparé comme pour
les autres Orges, on feme celle-ci en octobre
ou en novembre, 15 ou 16 boisseaux par arpent.
Elle fournit aux bestiaux la première verdure
après l'hiver, excellente pour les vaches, &
pour les chevaux, tant en vert qu'en fec. Elle
fe coupe deux ou trois fois jufqu'au mois
d'août. Si on la cultive pour le grain, pour la
nourriture des hommes, ou pour faire la
bierre, on ne la coupe point en vert. Elle mûrit avant tous les autres grains, & eft d'un
grand fecours aux pauvres jufqu'à la moiffon.
La graines ne fe confervent bonnes à femer
qu'un an.

Soucrion, Orge nud, *Hordeum diftichum nudum.* Autre variété d'Orge, qui fe cultive
comme l'Orge commune. Son grand produit,
& fon grain très-farineux la fait eftimer dans
plufieurs provinces.

Spergule, *Spergula arvenfis.* Dans un terrein
préparé par un labour, & le mieux uni que
vous pourrez, femez 10 ou 12 liv. de graine
(moins dans un bon terrein;) enterrez-la
avec des branches d'épine au lieu de herfe; en
mars ou avril, fi vous voulez de la graine,
qui fe recolte en juillet & août; en août, fi
vous ne voulez que du fourage vert pour la
pâture qui fait le meilleur effet à toute efpece
de bétail, & fur-tout au menu bétail. Le fourage fec, quoique de mauvaifes couleur &
odeur,

odeur, est préféré au meilleur foin par les chevaux, bœufs, vaches, & moutons; il est difficile à sécher & à fanner. La graine est excellente pour les volailles & pigeons. Le produit de la Spergule dans les bons terreins est presque incroyable.

AJONC, Jonc-marin, Jan, *Ulex Europæus.* L'usage le plus commun de l'Ajonc qui se nomme aussi Lande, Genêt épineux, est pour former des haies & clôtures. Mais dans les cantons où l'on ne fait ni prairies ni pâtures artificielles, ses jeunes pousses hachées & pilées font une fort bonne nourriture pour les bestiaux & sur-tout pour les chevaux. On consacre à cet arbrisseau un coin de terrein mauvais ou médiocre, dans lequel on seme au mois de mars la graine mêlée avec les menus grains qu'on recolte dans leur saison; l'Ajonc ne se coupe que la seconde année. Lorsque les pieds deviennent forts, on les coupe presque rez-terre en août ou septembre, afin qu'ils produisent de jeunes pousses pour l'hiver. L'Ajonc se seme encore fort bien sur les reverts des fossés. Lorsqu'on veut détruire une Janniere, on l'arrache, on la laisse sécher, on y met le feu. Les cendres fertilisent admirablement le terrein.

LUZERNE, *Medicago sativa.* Tout le monde connoît l'abondance & la bonté de la nourriture que la Luzerne fournit à tout le bétail. Un terrein gras, frais, léger, profond, lui convient : elle peut y subsister de 12 à 20 ans. Ce terrein bien labouré, façonné, engraissé, s'il en a besoin, hersé, & sur-tout nettoyé de chiendent & de mauvaises herbes, avec lesquelles elle ne peut subsister, on y seme en mars ou avril avec demi-semence d'avoine 18 ou 20 livres de graine de Provence, ou environ 25 de celle de nos cantons. (Dans les terreins les moins exposés à la gelée & aux mauvais vents, on préfére de la semer seule en août ou septembre, afin de faucher dès l'été suivant). On récolte la seconde année, mais elle n'est en plein rapport que la troisiéme. Elle se fauche trois ou quatre fois par an, par le plus beau tems, aussi-tôt qu'elle est fleurie, à moins qu'on ne veuille recueillir de la graine. Les bestiaux & même les volailles ne doivent jamais entrer dans la Luzerne.

L UPULINE , Trefle noir , *Medicago Lupulina.* C'est une espéce de Luzerne commune dans les prés : seule elle fait une très-bonne pâture pour engraisser tous les bestiaux , sans les échauffer ou très-peu. Dans un terrein gras & humide , elle se fauche trois fois par an dès-qu'elle est fleurie. Le Pain-vin qui se trouve presque toujours mêlé avec, ne diminue rien de son produit ni de sa qualité. On la seme au printems ou en automne : de six à sept boisseaux de graine par arpent.

T REFLE de Hollande , *Trifolium pratense.* La terre étant préparée comme pour la Luzerne , on seme la graine feule, depuis mars jufqu'au commencement de mai. Outre la qualité & l'abondance de ce fourage, qui fe fauche trois ou quatre fois par an par le plus beau tems, parce qu'il féche difficilement, il a encore le mérite d'améliorer les terres, foit qu'on l'y laiffe trois ans (qui font fa durée), foit qu'on ne le laiffe qu'un ou deux ans dans les terreins qu'on veut faire repofer, & auxquels il fournit un bon engrais pour le froment qui lui fuccéde.

SAIN-FOIN, *Hedyfarum Onobrychis.* Le Sainfoin appétiffant, nourriffant, donne beaucoup de lait aux vaches ; pourvû qu'elles ne le mangent pas pour toute nourriture, parce qu'il engraiffe les beftiaux. Le terrein étant façonné, on feme en mars ou avril de 15 à 18 boiffeaux de graine par arpent. Il fe fauche une fois la première année pour le faire taller, & trois fois les autres années, fort tendre, fur-tout dans les bons terreins où les tiges deviennent fort groffes, & feroient trop dures en fec. Il dure 10 ou 12 ans dans les fonds médiocres, plus dans les bons. Il eft étonnant combien il améliore les terres, fur tout celles qui font fablonneufes.

LENTILLE, *Ervum Lens.* Dans un terrein fans engrais, même maigre ; argilleux, mieux fableux, graveleux, préparé par un bon labour, femez après la mi-mars jufqu'à la mi-avril un boiffeau & demi de Lentilles à la volée par

arpent (si les Lentilles sont très-bonnes, lis-
ses, luisantes, pésantes, un boisseau suffit).
Faites passer la herse & le rouleau. Lorsqu'elles seront mûres, vous les couperez, les
laisserez sécher par petits tas sur le champ,
les battrez. Nulle paille ne convient mieux
aux brebis que celle de la Lentille : elle est excellente pour tout l'autre bétail. Si vous voulez un foin de qualité bien supérieure , fau-
chez la Lentille dès-que le grain des premières
siliques est mûr ; étendez sur le champ ; laissez bien sécher ; battez légèrement ; la plûpart
des feuilles & des siliques avec leur grain de-
meurera attaché à la paille. Mais ce foin, &
la Lentille en vert ne doivent être donnés aux
bestiaux que par mésure ; parce que les man-
geant avec excès & avec trop d'avidité , ils
pourroient en être malades.

Vesce, *Vicia sativa*. On peut semer la Vesce
avant l'hiver dans les climats tempérés. Nous
la semons après l'hiver comme les Mars dans
une terre préparée par deux labours, épierrée
& roulée. Elle ne se coupe en vert que dans
la disette. Fauchée lorsque la graine est mûre
(cette graine nourrit les pigeons, & se mêle
avec l'avoine des chevaux), le foin est de peu
de valeur. Mais si vous la coupez avant que
la graine soit mûre, c'est un excellent fourage, qu'il faut bien fanner & sécher. Si l'on
destine ce fourage pour la nourriture des
bœufs & des vaches, on seme ordinairement
de l'avoine avec la Vesce, & on fauche l'un

& l'autre avant la maturité du grain. Le produit d'une piéce de bonne terre femée en Vesce, est étonnant.

SAFRAN, *Crocus officinalis.* Dans un terrein bien ameubli, léger, noir, fablonneux, on plante depuis mars jusqu'en juillet les oignons de Safran automnal, (qui se multiplient beaucoup tous les ans) à un pouce environ de distance l'un de l'autre, en fillons espacés de demi-pied, & profonds de cinq ou fix pouces. S'il ne leur survient point de maladies, ils n'exigent aucun soin jusqu'à la récolte des fleurs qui se fait en septembre ou octobre. C'est un gros objet de commerce qui doit inviter à le cultiver ceux qui ont des terreins convenables.

ALPISTE, *Phalaris Canarienfis.* L'Alpiste, dont les épis ou le grain font une nourriture très-agréable aux fereins & autres oifeaux, se feme comme tous les petits grains de Mars, en terre meuble.

SORGO, Millet d'Inde, gros Mil d'Italie, *Holcus Sorghum.* Sa graine étant plus groffe que celle du Millet commun, il est plus profitable; même culture; veut de l'humidité, des terres & des années chaudes; très-bon pour les oifeaux de volière & de baffe-cour.

MILLET, *Panicum Miliaceum;* & petit Millet ou Panis, *Panicum Italicum.* Ces deux Graminées, qui servent à-peu-près aux mêmes usages, suivant les pays, pour la nourriture des hommes & des oiseaux, se cultivent de même, & se sement fort clair en avril & mai dans une terre douce & légère bien labourée & hersée. Il faut bien recouvrir la semence; & éclaircir le plant un mois après sa levée.

FROMENT de Smirne, *Triticum æstivum palmatum.* On le seme comme le Froment ordinaire, & dans la même saison ; veut un bon terrein substancieux : semé en mars il mûrit dans les années chaudes. Son grain est rarement attaqué de la carrie.

MAÏS, Bled de Turquie, *Zea Mays.* Les usages du Maïs pour la nourriture des hommes varient dans chaque pays : par-tout c'est le meilleur grain pour nourrir la volaille, les cochons & les pigeons. Dans un terrein médiocre, ou mauvais, mieux bon & bien façonné, on le seme en mars ou avril par rayons; grain à grain, ou par touffes, il n'importe, pourvû qu'il y ait assez de distance pour donner quelques binages.

GARANCE, *Rubra Tinctorum.* Il y a peu de cultures dont le produit égale celui des Garancières. Cette plante réussit très-bien dans une terre douce, légère, humide en dessous; dans une bonne terre sablonneuse sur un fond de glaise ; quelquefois dans une terre assez améliorée avec du fumier de bœuf & de va-

che. Si l'on veut femer dans un terrein cultivé, les mêmes façons que pour le froment
fuffifent. Si c'eft un terrein en friche, il faut
donner, tant devant qu'après l'hiver, affez de
labours pour le bien ameublir. On feme environ deux boiffeaux de graine par arpent en
mars ou avril ; on herfe ; & quand la plante
eft levée, on la farcle. La première année on
récolte la graine, & on butte un peu chaque
pied ; la feconde année on fait une autre récolte de graine : & vers le mois de novembre
de la même année on commence à arracher
les plus groffes racines ; les autres la troifiéme
année : & on peut en tirer de petits tronçons
garnis chacun d'un tubercule, pour faire de
nouvelles plantations. Le détail de tous les
foins qu'exige une Garancière feroit trop long.

Soyeuse, Ouatte, *Afclepias Syriaca.* La culture de cette efpéce d'Apocin eft devenue in-
téreffante, depuis qu'on en a tiré de la Ouatte,
& qu'on a trouvé le moyen de filer les aigrettes de fes fruits avec de la foie. Elle eft
vivace, fe contente des plus mauvais terreins,
fe feme au printems, & commence à produire la troifiéme année ; n'exige plus enfuite
aucune culture.

Colsa, *Braffica arvenfis.* C'eft une efpéce de
Chou fort cultivé en Flandres, où il fait un
objet confidérable de commerce. On fait de
l'huile avec fa graine comme avec la Na-
vette. Les pains dont on a exprimé l'huile

fervent à engraiffer toutes fortes de bétail,
qui mange auffi la menue paille du Colfa
qui fort du van. Il fe feme au printems, &
fe plante comme les Choux dans une terre
profonde & bonne ou amendée par des engrais, à 6 ou 8 pouces de diftance, par rangs
efpacés d'environ un pied. Cu bien on feme
quatre ou cinq livres de graine par arpent :
lorfque le plant eft affez fort, on l'éclaircit;
& dans un autre terrein préparé on arrange
le plant qu'on a arraché dans des fillons à la
charue, qui le recouvre à fon retour, comme
nous avon expliqué dans la culture des Pommes de Terres. Il donnera fa graine l'année
fuivante. Quelquefois on le cultive pour fourage, comme le Chou à vaches.

Lin de Riga, *Linum ufitatiffimum*. Tout le
monde connoît l'utilité du Lin; peu de per-
fonnes en ignorent la culture. Dans une terre
graffe ou amendée, meuble ou ameublie,
nettoyée de toutes racines de mauvaifes herbes, point trop humide, on feme la graine
en mars par un beau temps. Si l'on veut avoir
de belle filaffe fine & douce, il faut environ
190 livres de graine par arpent. Si l'on préfére de récolter de la linette & que l'on feme en terre forte, 150 livres de graine feront fuffifantes; mais le plant étant plus clair,
les tiges feront plus groffes & plus ligneufes,
& la filaffe moins fine; comme il arrive au
Lin d'hiver. Car dans nos provinces méridio-
nales, & même baffe Normandie, on feme

beaucoup de Lins en feptembre & octobre.
L'hiver les éclaircit, ils deviennent plus forts
& meilleurs pour graine que ceux de mars,
mais ceux-ci leur font préférables pour la filaffe. La graine étant femée, il faut herfer &
paffer le rouleau; depuis que le plant a deux
pouces jufqu'à ce qu'il en ait fix, il faut le
farcler plufieurs fois. Il ne faut le cueillir que
lorfqu'il eft près de fa maturité. Trop vert,
ou trop mûr, la filaffe eft moins fine, & il
donne beaucoup d'étoupes.

La meilleure Linette fe tire de Riga; c'eft
celle que nous fournirons aux cultivateurs.

CHANVRE de Piémont, *Cannabis fativa gi-
gantea.* Il fe cultive comme le Chanvre commun; mais il doit être fort clair, car il ac-
quiert 7 ou 8 pieds de hauteur, & étend
beaucoup fes branches. Sa plus grande utilité
eft fa graine, qu'il donne dans une abondance
prodigieufe. C'eft pourquoi il faut le femer
dans le commencement du printems : au lieu
que le chanvre qu'on cultive principalement
pour la filaffe, fe peut femer depuis mars jufqu'à la fin de juin.

Manière de femer les beaux Gazons.

LA terre étant bien labourée, épierrée, émot-
tée, dreffée au rateau fin, recouverte d'un ou
deux pouces de bonne terre étendue bien également, femez, (en toute faifon, excepté dans
les grands froids & les grandes féchereffes ;

mieux le printems & l'automne ; en septembre ou octobre, si le terrein est sec) des graines des bas prés, par un tems couvert ; recouvrez au rateau ; ou mieux, si l'étendue n'est pas très-grande, répandez bien également demi-pouce de bonne terre ou de terreau. Sarclez exactement, sur-tout la première année ; & si vous arrachez quelques grosses touffes, comme il s'en trouve souvent, répandez une pincée de graine & couvrez avec un peu de terre ; tondez & roulez souvent ; arrosez dans les sécheresses ; tous les ans jettez-y un peu de graine, pour regarnir & renouveller. Sans tous ces soins, on ne peut avoir de beaux Gazons.

Pour les grands Tapis d'agrément, on emploie le Fin-Houssy, joli petit Trefle blanc. Dans un terrein bien préparé, & le mieux dressé qu'il est possible, en seme environ 30 livres de graines par arpent, mieux au printems. Plus on le tond, plus il fleurit, & plus sa verdure est gaie, même dans les plus grandes sécheresses. C'est pourquoi nos Jardiniers en mêlent dans tous les gazons. Seulement il faut avoir soin de le tondre avant que les fleurs soient desséchées, parce que les pieds s'altéreroient.

Il est excellent en mélange dans toutes les prairies ; & même on le cultive seul comme une des meilleures herbes pour la pâture, surtout des moutons ; ce qui le fait nommer par les Hollandois *Trefle à Moutons*.

(171)

Prairies naturelles.

Pour former un bon pré, le terrein doit être
mis en bon état, bien brifé, ameubli, épier-
ré, uni. Au printems on y feme un mêlange
de Graminées tirées des meilleurs prés; par
arpent, de 6 à 15 feptiers, fuivant que ces
graines font nettes; on feme par deffus deux
livres de grand Trefle rouge, deux livres de
blanc, & une livre de jaune. On herfe avec
des branches d'épine, & on paffe le rouleau.
Si le printems eft pluvieux, on fait deux coupes dès la première année.

On fe trouve très-bien du mêlange fuivant,
fur-tout pour les terreins un peu élevés. Pour
un arpent,

Dix-huit boiffeaux de Graminées des hauts Prés
    mélangées,
Dix livres de Ray-graff d'Angleterre,
Trois livres de grande Pimprenelle,
Quinze livres de Fromental de France,
Demi boiffeau de Lupuline,
Demie livre de Trefle rouge, ⎫
Deux livres de Trefle blanc, ⎬ mêler ces trois
Deux livres de Trefle jaune, ⎭ enfemble.

---

*Nous tenons plufieurs autres fortes de fourages dont
nous omettons les avantages & la culture, parce que
tous les fermiers les connoiffent affez; tels font les Pois
gris, la Geffe, le Lentillon, le Dick-Wurzel efpece de
Betterave cultivée en Allemagne pour la nourriture des
Vaches en hiver, &c. &c.*

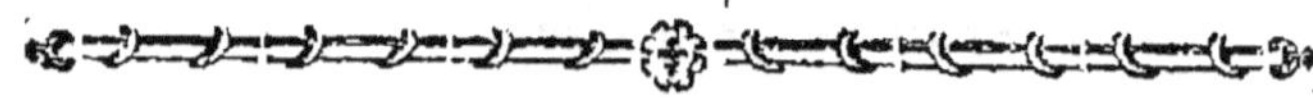

VIII.

DIVERSES COUCHES.

Couches pour Laitues de Primeur.

1°. Vers la mi - octobre faire une couche très-légère, parce qu'alors il faut peu de chaleur artificielle ; la couvrir de 3 ou 4 pouces de bonne terre graffe & meuble, ou de terreau bien confommé ; y femer de la Laitue Gotte ; jetter fur les cloches un peu de paille pour brifer les rayons du foleil qui pourroit échauder la femence ; lorfque la graine eft bien levée, ne plus mettre de paille ; laiffer croître le plant jufqu'à ce qu'il foit affez fort pour être repiqué. 2°. Alors faire avec du fumier neuf une couche (ou plufieurs) en glacis incliné au midi ou au levant, fuivant l'expofition du terrein ; le derrière de la couche aura de 18 à 24 pouces de hauteur, le devant n'en aura que le tiers, afin qu'elle préfente mieux fa furface au foleil, & que les pluies s'écoulent davantage ; la garnir de terre ou de terreau comme la précédente ; repiquer le jeune plant ; le vifiter fouvent pour retrancher toutes les feuilles pourries ou attaquées du blanc. Cette couche ne doit avoir

qu'une tiédeur ou chaleur très-douce ; car si
elle étoit chaude , & que des tems trop rudes
obligeassent de couvrir avec des cloches & des
paillassons , le plant périroit. 3°. Enfin en février faire des couches de deux pieds & demi
ou trois pieds de hauteur de fumier neuf bien
foulées & marchées ; lorsqu'elles ont jetté leur
grand feu , les garnir de 6 ou 7 pouces au
moins de bonne terre grasse & légère ; lorsqu'elles n'ont plus qu'une chaleur douce, y
repiquer le plant , ne mettant que 5 pieds
sous chaque cloche ; donner de l'air aux cloches autant qu'on le peut sans danger ; sur-
tout éviter la grande chaleur.

On peut semer de même en novembre de
la Romaine verte , des Laitues Sanguine , de
Versailles , de Berlin , de Batavia , de Berg-
op-zoom , &c. Il suffit de les repiquer sur
des ados ou acôts de terreau , & de les défendre des fortes gelées avec des paillassons.

Couches pour Melons & Concombres sous chassis.

1o. Dès le commencement de janvier faire une
couche de 3 pieds de hauteur ; la garnir de
bonne terre ; y placer le chassis ; lorsqu'elle a
jetté son grand feu , y semer les graines ; la
rechauffer , & soutenir une bonne chaleur
jusqu'à ce que le plant soit en état d'être trans-
planté. (Si les couches sont sourdes, c'est-à-
dire enterrées , lorsqu'elles sont montées en
fumier au tiers de leur hauteur ; il est bon de

mettre 8 ou 10 pouces de feuilles d'arbres, sur-tout d'Orme, ramassées dans l'automne & entassées, ensuite achever en fumier; elles soutiennent la chaleur plus long-temps.) 20. Faire de même de nouvelles couches; y transporter le jeune plant; ces secondes couches se font avec moitié de fumier neuf, & moitié du fumier qui a servi à faire d'autres couches, & qu'on nomme vieux fumier; les rechauffer, & entretenir la chaleur jusqu'à ce que le plant ait été pincé, & commence ses premiers bras. (Si l'on seme dans de petits pots, le plant ne sera ni retardé ni fatigué par les transplantations.) 30. Faire de troisiémes couches plus ou moins hautes suivant la saison (en avril 18 pouces ou 2 pieds de fumier suffisent;) les garnir de 10 à 12 pouces de bonne terre meuble & grasse préparée dès l'année précédente, afin que les engrais ne soient pas neufs; y placer le plant aux distances convenables.

Les jeunes Melons ayant 4 ou 5 feuilles, outre les oreilles, ou cotyledons, les tailler au dessus de la seconde feuille, pour obtenir au moins deux branches. Cette première taille se fait ordinairement avant de mettre le plant en place. Des branches, lorsqu'elles ont 4 ou 5 feuilles, choisir les deux ou trois plus vigoureuses, & les tailler au dessus de la seconde feuille, pour multiplier les branches, qui se tailleront de même, si les deux tailles n'en ont pas donné un assez grand nombre, (de 4 à 8, suivant la vigueur du pied.)

Choisir celles qui font fortes, bien placées, garnies de feuilles peu diftantes les unes des autres.

Pendant que toutes ces branches fe multi-plient & fe forment, retrancher les branches gourmandes, les foibles, les plattes, &c.

Laiffer les bonnes branches s'alonger en liberté, jufqu'à ce qu'il y ait du fruit bien noué & arrêté (un fur chaque branche des variétés à gros fruit; deux au plus fur celles des variétés à petit fruit :) alors tailler ces branches à 1, 2 ou 3 feuilles au delà du fruit, fuivant la force de la branche.

Après cette dernière taille, il fortira un grand nombre de jets de tous les yeux de la plante. Tous les huit jours en faire la revue; & en fupprimer plus ou moins, fuivant la vigueur de la plante & le nombre des fruits. Ce dernier point demande du difcernement & de la pratique.

Melons & Concombres fous cloches.

10. A la fin de février ou au commencement de mars faire une couche de longueur propor-tionnée au femis, & feulement de largeur fuffifante pour placer deux rangs de cloches, afin qu'elle foit plus facile & plus prompte à recevoir la chaleur des rechaufs qui feront né-ceffaires ; femez vos graines (mieux en petits pots.) 2°. Lorfque votre plant montrera fes premières feuilles, faire une autre couche, encore forte de fumier & étroite ; y tranf-

porter le jeune plant ; soutenir la chaleur par de bons rechaufs. 3º. Lorsque le plant sera en état d'être mis en place, faire des couches moins fortes ; les garnir de terre comme il a été dit ci devant ; y placer le plant (en motte, s'il a été en pots ;) aussi-tôt que ses racines seront attachées, ce qui arrive ordinairement en huit jours, faire de bons rechaufs de fumier neuf.

Si vous voulez planter quelques Melons & Concombres en pleine terre, laissez le plant le plus long-tems que vous pourrez sur les couches jusqu'à ce que la saison s'adoucisse ; faites de petites fosses dans un terrein bien exposé ; mettez dans chacune deux ou trois pelletées de terre préparée ; placez un pied dans chaque fosse, & couvrez jusqu'à ce qu'il soit repris ; cette précaution est inutile, s'il a été semé en pots.

Nota. Le fumier pour les couches ne doit avoir passé qu'une nuit, ou au plus deux, sous les chevaux.

Couches de grande chaleur, pour Ananas & Plantes étrangeres.

Ces couches se font ordinairement dans des Bâches maçonnées en brique ou en bonne pierre dure qui ne puisse laisser pénétrer l'humidité. Il est bien rare de trouver des terres assez séches pour y faire ces couches sans maçonnerie. Quelques uns forment autour un enclos de fumier ou paille bien foulée & peignée

pour

pour que la pluie coule deſſus. Chacun peut employer les moyens que lui fournira ſon induſtrie pour préſerver ces couches du froid & de l'humidité.

Il faut employer le fumier le plus excellent & le plus moëlleux ; il eſt bon de l'étendre ſur la terre à l'épaiſſeur d'environ 18 pouces pendant 15 ou 20 jours, le mouillant & le remuant pluſieurs fois. Quoiqu'il jette ſon premier feu, il prend beaucoup plus de faveur.

Pour les couches d hiver, mêlez à peu près partie égale de fumier & de feuilles d'arbres ; ces feuilles entretiennent une chaleur plus tempérée & plus durable, & abſorbent l'humidité. Faites d'abord un lit d'un pied d'épaiſſeur ; foulez & marchez bien de bout en bout ; faites un ſecond, un troiſiéme, un quatriéme lit de pareille épaiſſeur que vous marcherez de même ; de ſorte que la couche bien foulée ſoit haute de 3 pieds. Si elle n'étoit pas faite par lits bien taſſés, elle s'affaiſſeroit par la ſuite à un point nuiſible aux plantes, & vous feriez obligé de retirer la tannée, & de mêler une épaiſſeur ſuffiſante de vieux fumier paſſé avec celui de la ſuperficie de la couche, ſans la remanier plus bas. Si le fumier eſt ſec, il faut mouiller chaque lit ; s'il a été bien préparé, il n'a beſoin d'être que fort peu mouillé. Si vous préſumez que la couche jettera trop de chaleur, vous différerez d'y mettre la tannée, & vous placerez les chaſſis pendant 5 ou 6 jours, juſqu'à ce qu'il n'y ait plus à craindre qu'elle ſoit brûlée par

M

le grand feu de la couche ; sinon vous la mettrez tout de suite. Si elle est humide , il faut la bien remuer trois ou quatre fois, ouvrir les chassis , à moins qu'il ne pleuve. Si vous en avez de vieille qui ait déjà servi, mêlez-en un tiers avec la neuve ; elle la desséchera & soutiendra plus long-tems sa chaleur. On enfonce quelques bâtons dans la tannée jusqu'au niveau du fond des pots ; en les retirant on connoît le dégré de la chaleur. Lorsqu'elle est trop diminuée , on rechauffe la tannée , en y ajoûtant & mêlant bien une moitié de tan neuf. Mais si la couche est bien faite , cette opération ne sera nécessaire qu'au bout de deux mois & demi. Les couches d'hiver se font à la fin d'octobre, ou au commencement de novembre.

Les couches du printems se font ordinairement au mois de mars. Les façons sont les mêmes que de celles d'hiver. Mais on y emploie moitié de vieux fumier avec moitié de neuf, sans feuilles d'arbres. Comme alors l'humidité n'est point à craindre , on peut faire la tannée avec tout tan neuf.

Couches à Champignons.

QUOIQUE le Champignon soit de grand usage dans la cuisine, nous ne l'avons point placé entre les plantes potageres , parce que sa culture est aussi singulière , que ce Végétal est différent de tous les autres. Il naît sur deux sortes de couches, dont l'une se nomme Meule.

Couche. Au mois de décembre, dans un terrein sec & sablonneux, faites une tranchée de longueur à volonté, large de deux pieds, profonde de six pouces, bordée des terres de la fouille ; (en terrein fort & humide faites la tranchée plus profonde, & remplissez l'excédent de six pouces de profondeur d'un lit de platras ou de pierrailles recouvert d'un peu de terre & de sable). Faites-y une couche de fumier court avec beaucoup de crotin (sans cependant être trop gras) de cheval qui ne mange point de son ; bien dressée, bien marchée & foulée, en dos de bahut, haute de deux pieds à son sommet. Couvrez-la d'environ un pouce de terre, mêlée de sable ou de terreau, si elle est compacte. Au commencement d'avril couvrez - la de deux pouces de grande litière fécouée. A la fin de mai elle doit commencer à produire. Tous les deux jours ôtez la litière ; récoltez ; recouvrez aussi-tôt ; donnez un léger arrosement, si le tems est sec.

Meule. Près du lieu où doit être faite la meule, entassez du fumier de cheval avec le crotin ; hors la portée des volailles & des animaux qui pourroient le fouiller ou le gratter : laissez-le pendant 30 ou 40 jours jetter son grand feu ; trois semaines ou un mois, s'il est par petits tas.

Tracez au cordeau une longueur à volonté fur trois pieds de large, en lieu frais fans humidité, & un peu ombragé pendant l'été ; bien exposé pendant les autres faisons, &

couvert de 8 ou 10 pouces de platras ou de pierraille & de quelques pouces de fable.

Maniez vos tas de fumier pour en retirer le foin & les longues pailles. Avec le fumier court & le crotin dreffez votre meule, comme une couche ordinaire, haute d'un pied fur 3 pieds de large, & la longueur marquée fur le terrein préparé ; mouillez-la amplement. Quatre ou cinq jours après, pour arrêter la trop grande chaleur, défaites la meule, remaniez le fumier, retirez-en environ un tiers (le plus long), remplacez - le avec autant de fumier neuf le plus court poffible ; avec ce tiers de fumier neuf & les deux tiers de fumier remanié, refaites la meule de deux pieds de largeur fur 15 pouces de hauteur ; entaffez à portée le tiers de fumier retiré en remaniant la meule. (Si en remaniant la meule on y trouvoit une très-grande chaleur, on la retabliroit telle qu'elle étoit, & quelques jours après on la remanieroit une feconde fois).

Six jours après que la meule a été refaite & fixée, faites avec la main tout le long de fon flanc (de fes flancs, fi elle n'eft pas faite contre le pied d'un mur) un rang de trous diftants d'environ un pied , 6 ou 8 pouces au deffus du fol. Mettez dans chaque trou, à fleur des fumiers & non trop enfoncé, un morceau de 3 ou 4 pouces de *blanc de Champignon*. (Nous pouvons en fournir de très- bon en toutes faifons). Auffi-tôt que la meule eft lardée de *blanc*, on remet par deffus environ le tiers du fumier refté en la remaniant, & on dreffe le fommet en dos de bahut.

(181)

Deux ou trois jours après battez, avec une pelle, tout le pourtour de la meule, pour maſtiquer & incorporer le *blanc* avec les fumiers ; arrachez toutes les pailles qui débordent ; couvrez toute la ſurface de la meule d'un pouce de bonne terre meuble, ou ameublie avec du ſable ou du terreau ; & jettez par deſſus trois pouces de grand fumier neuf (moins ſur le dos ou ſommet qui ne doit être couvert que légèrement). Huit jours après ajoûtez encore autant de fumier neuf, avec la même attention d'en mettre peu ſur le ſommet de la meule.

Huit jours après, découvrez tout-à-fait la meule : nétoyez-en bien toute la ſuperficie des ordures que les couvertures y ont laiſſé. Sécouez le fumier de ces couvertures ; avec le plus long refaites une légère couverture, d'environ un doigt d'épaiſſeur ; jettez par deſſus environ trois pouces d'épais de fumier neuf qui aura reſſuyé en tas pendant huit jours, & encore par deſſus le reſte des fumiers remaniés lorſque la meule a été fixée, avec la même attention de ne pas trop charger le dos de la meule.

Quinze jours après, découvrez-la juſqu'à la chemiſe excluſivement (c'eſt la petite couverture d'un doigt d'épais) ; regardez deſſous ſi le Champignon ſe forme ; marquez avec de petites baguettes les places où il en paroît, & remettez les couvertures.

Quatre ou cinq jours après, viſitez les places, ſans découvrir la meule, & cueillez les

Champignons, s'il y en a de bons. Quatre ou cinq autres jours après, même vifite & même opération.

Enfin, lorſque la meule paroît difpoſée à produire par-tout également, tous les trois jours (en hiver tous les cinq jours) découvrez la meule, récoltez, recouvrez auſſi-tôt ; en été dans les temps fecs, mouillez légerement après chaque récolte. En hiver augmentez les couvertures, fuivant le dégré du froid.

Souvent toute la vigilance du Jardinier eſt infuffifante pour préferver une meule en plein air des dangers qu'elle court dans les orages, les pluies, la féchereffe, le froid, le chaud, &c. C'eſt pourquoi il vaut mieux l'établir dans une ferre, ou autres bâtimens couverts : elle exige les mêmes façons ; mais elle y court moins de dangers.

Elle eſt encore beaucoup mieux dans une cave. Elle s'y prépare comme il vient d'être expliqué ; mais lorſqu'elle eſt goptée de terre, comme nous avons dit, elle n'a befoin ni de chemife ni d'autres couvertures, ni d'aucun foin, pourvû que les portes & les foupiraux foient fi bien fermés, que l'air ne puiſſe y pénétrer.

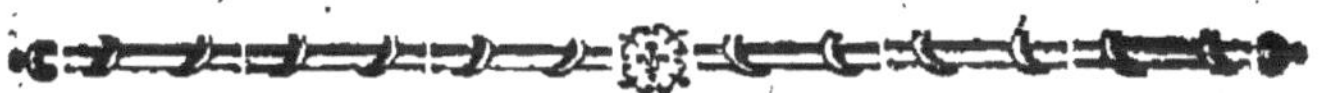

CHAULAGE.

Dans un vaiſſeau contenant environ un muid & demi, mettez crotin de mouton, fiente de pigeon, fiente de poule, crotin de cheval, mulet ou âne, bouze de vache, environ un boiſſeau de chacun; ſuye de cheminée, un boiſſeau & demi; & ſi le terrein à enſe-mencer eſt froid & humide, un boiſſeau de chaux éteinte dans de la leſſive, ou de l'eau de marre. Rempliſſez le vaiſſeau d'eau de les-ſive dans laquelle vous aurez fait bouillir du genêt. Si quelqu'un de ces ingrédiens vous manque, augmentez la doſe des autres : ſi vous n'ayez pas aſſez de leſſive, prenez du jus de fumier, ou de l'eau d'une marre de baſſe - cour. Pendant quatre ou cinq jours, remuez bien avec un gros bâton tous ces in-grédiens deux fois par jour, juſqu'à ce qu'ils fermentent.

Lorſque vous voulez préparer du froment ou toute autre graine, remuez bien cette li-queur, jettez-en ſur la ſemence (environ un bon ſceau pour un ſeptier de Paris.) Avec une pelle remuez le grain juſqu'à ce que tous les grains paroiſſent mouillés de la liqueur; ra-maſſez le en tas, & laiſſez-le 7 ou 8 heures; remuez-le de nouveau, de peur qu'il ne s'é-chauffe; remuez-le une troiſiéme fois, il ſera aſſez ſec pour être ſemé. Vous pouvez différer pendant un mois de le femer, pourvû que vous le remuyez deux fois par jour.

Les avantages de ce Chaulage font affez connus pour tous les grains & les graines de fourages. Ils ne font pas moindres pour les graines potageres & celles des fleurs. Si un arbre languit, labourez au pied, formez-y un baffin dans lequel vous verferez un fceau ou deux de cette liqueur mêlée d'eau de marre ou de jus de fumier, pour la rendre plus liquide. Si un femis fur couche, ou en pleine terre, eft attaqué du puceron, du ver, de la chenille, ou autre infecte, arrofez - le avec cette liqueur détrempée dans une quantité fuffifante d'eau ou de jus de fumier pour qu'elle paffe aifément par le criblet de l'arrofoir. En un mot, cette liqueur devroit être d'un ufage auffi fréquent dans le jardinage, que dans les grandes cultures. Elle peut fe conferver très-long-tems.

Ratafia de Fleurs de Moldavique.

CUEILLEZ les Fleurs à midi dans de beaux jours; dépouillez-les de leur calice, & mettez-les auffi-tôt infufer au foleil dans de l'eau-de-vie, ayant foin d'ajouter de l'eau-de-vie, à mefure que vous ajoutez des fleurs, de forte qu'elle les furpaffe toujours. Après deux mois d'infufion, paffez la liqueur dans une chauffe & preffez le marc.

(185)

Mesurez la liqueur, & ajoutez-y pareille quantité d'eau de-vie pure ; pesez 20 onces de sucre par pinte mesure de Paris ; faites-le clarifier dans une poële sur un fourneau à grand feu de charbon. Lorsqu'il est réduit en sirop, jettez dans la poële l'infusion & l'eau-de-vie ; laissez le tout ensemble jetter quelques bouillons ; retirez du feu ; & lorsque la liqueur est refroidie, passez-la dans une toile neuve & serrée ; laissez-la refroidir entièrement dans un vaisseau de fayance couvert d'un papier & de linge ; mettez en bouteilles, que vous ne boucherez que le lendemain.

Quoique, par ce procédé, on semble ôter beaucoup de force au Ratafia, il lui en reste assez pour être très agréable & très-salutaire. On sçait que la Moldavique a toutes les propriétés de la Melisse.

Lorsqu'on éleve cette plante pour cet usage, il est bon de la semer dès le mois de mars sur couche, afin d'en recueillir les fleurs dans l'été.

Ratafia des Sept-Graines.

Prenez de la graine d'Anis, d'Anet, de Carvi, de Coriandre, de Carotte, & de Fenouil, de chacune une once, & deux gros d'Angelique musquée. Mettez le tout dans une bouteille de verre ou une cruche avec 4 pintes d'eau-de-vie. Laissez infuser pendant 15 jours en été, ou trois semaines en hiver ; ayant soin

de remuer tous les jours la bouteille pour empêcher la liqueur de se graisser, & de l'exposer au soleil, s'il est possible. Passez l'infusion
à la chausse; jettez-y de six à huit onces de
sucre par pinte fondu dans demi-septier d'eau;
& repassez le tout à la chausse.

Ce Ratafia, très-connu & très-estimé, se
peut faire en toute saison. Nous fournissons
ces graines fraîches & de la meilleure qualité,
criblées, mélangées, & toutes prêtes à infuser.

FIN